活断層地震はどこまで予測できるか

日本列島で今起きていること

遠田晋次　著

ブルーバックス

カバー装幀／芦澤泰偉・児崎雅淑
目次、本文デザイン／若菜　啓（WORKS）
本文図版／さくら工芸社

プロローグ　熊本地震

「それは明日かもしれませんし、10年後かもしれませんし、１００年後かもしれません」

２０１６年４月15日、東北大学災害科学国際研究所での熊本地震に関する報告会で、私はそう発言しました。４月14日に熊本県益城《ましき》町で震度７を記録したマグニチュード（Ｍ）６・５の地震が起こった翌日のことでした。「それ」とは、この地震に刺激されて布田川《ふたがわ》断層もしくは日奈久《ひなぐ》断層が動き、さらに大きな地震が発生することです。

この報告会の際に、私はある図を示しました（**図０-１**）。これは、Ｍ６・５の地震によって布田川断層と日奈久断層に歪《ひず》みが大きく伝播し、両断層が動きやすくなったことを示すものです。

この報告会には地元仙台のメディアが多数取材に訪れました。ＮＨＫ仙台放送局のカメラの前でこの図を示しながら、影響を受けた布田川断層か日奈久断層が動き、さらに大きな地震を起こす可能性が高いことを正直に伝えました（この模様が放映されたかどうかは確認していません）。東京のＮＨＫ本局からの電話取材にも同じ説明をしました。ただ、あまりにも刺激が強いと感じたので、当日配布した資料にはこの図は載せませんでした。

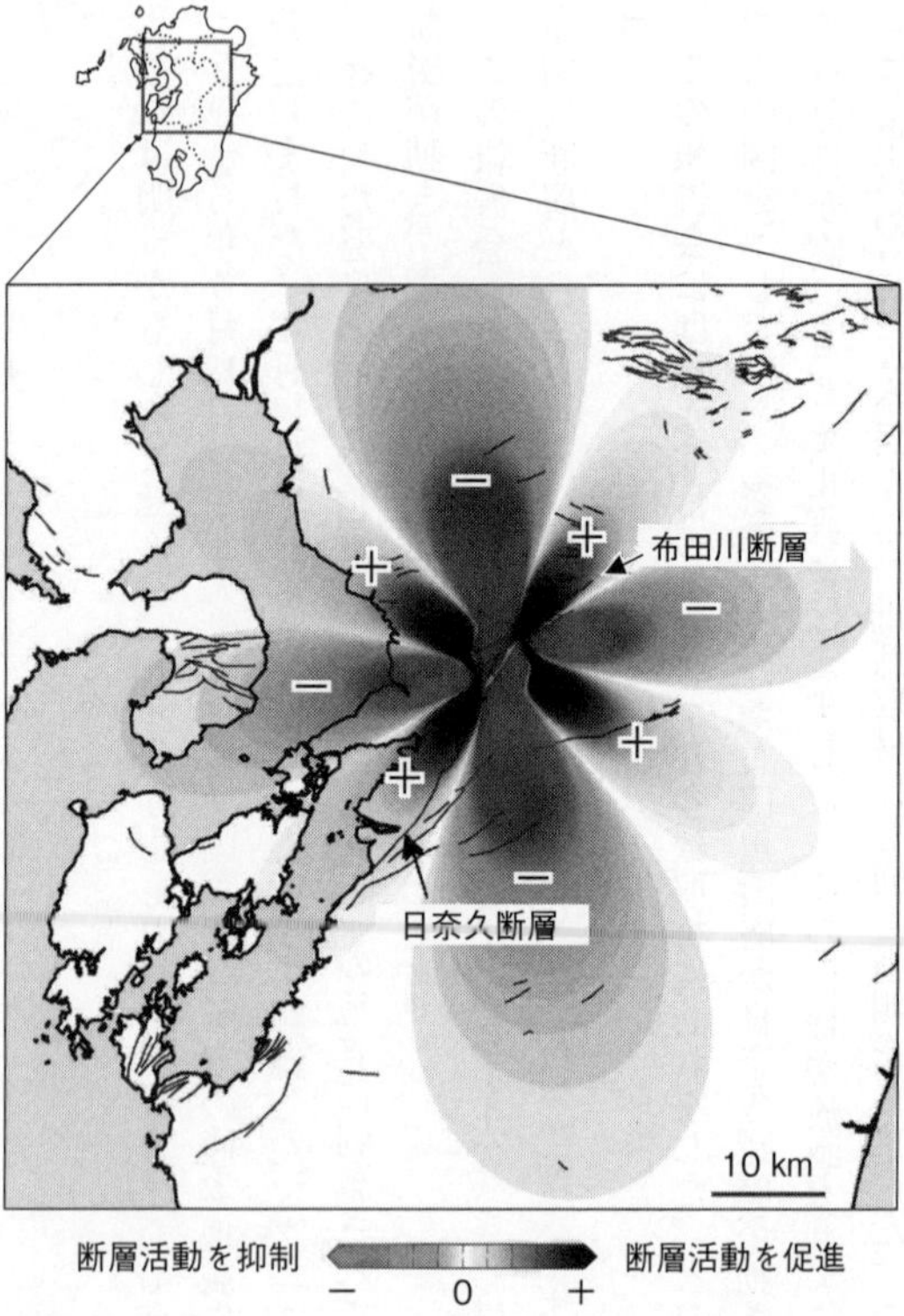

図0-1　2016年4月14日に発生したM6.5の地震による応力変化

報告会の開かれた15日の夜、翌日からの現地調査の準備をし、深夜12時前に床につきました。本来は、14日の地震を受けて、15日に現地に直行する予定でした。ただ、15日には皮肉にも1年半前に起こった長野県北部の地震の報告書の提出締切日でした。そのため、出発を16日早朝にずらしていました。

深い眠りについた深夜1時半、16日になったばかりのことです。NHK本局からの携帯電話の着信音で目を覚ましました。「起きてしまいました、心配していたもっと大きな地震が……。M7・1です（後にM7・3に上方修正される）」と記者の一言。残念ながら、「それ」は100年後ではなく、28時間後に起こってしまいました。益城町が再び震度7の激震に見舞われ、結果的に50名もの犠牲者を出す地震が起きたのです。何人かの方が最初のM6・5の後、電気が復旧したことでいったん自宅に戻り、次のM7・3の地震で倒壊した建物の下敷きとなり亡くなられました。

「今後も震度6弱程度の揺れをともなう余震に注意してください」と、気象庁は定番のようにアナウンスします。一般の方々、また多くの地震学者でさえ、余震は本震よりも規模が小さいとの「刷り込み」があります。しかし、後ほど解説するように、余震活動は地震の誘発現象そのものです。「本震」の近くに大きな地震を起こす断層が存在すれば、その「本震」と同規模かそれを上回る地震が起きます。これは、最近20年ほどの余震や地震連鎖の研究から明らかになっていた真実なのです。

　このことを14日の時点で自信を持って伝えなかったと反省するとともに、「近くに大きな地震を起こす断層」、すなわち活断層とその危険性が周知されていなかったことが本当に悔やまれます。

　そして、「本震」発生当日の16日の午後、私は研究所の同僚とともに地表に現れた断層の前にいました。その後、現地で多くのメディアのインタビューに答え、テレビのスタジオ出演も行い、今回の地震や活断層について解説を行いました。熊本地震から半年間、その後も一般講演会やメディアの取材を多数受けましたが、やはりまだ活断層や内陸地震の発生のしくみや危険性が的確に伝わっていないと感じています。なかには、「活断層線が自宅を通っていなければ安心」、逆に「活断層の分布なんて関係ない。日本全国どこでも震度7が起きる」などという誤解もまだまだ根強くあります。今回、熊本地震の発生を受けて、あらためて活断層と地震に関する丁寧な解説が必要だと感じました。

　1995年に起きた阪神・淡路大震災では、「活断層」という専門用語が一般にまで浸透しました。内陸大地震の元凶が活断層であることが、社会的に認知されるようになりました。6434人の犠牲者に報いるために、地震防災の心得や地震に強い町作りなどが進められてきました。その経験は多少なりとも生かされてきたはずですが、まだ不十分だったのでしょう。

活断層や内陸地震を同震災以降に研究してきたものとして、最も残念だったのは、21年前に耳にした「神戸で地震が起こるなんて聞いていない」と同じく、今回も「えっ？　熊本？　そんなの聞いていない」というものです。

科学者は研究し、論文を書いて評価されます。研究成果がすぐに社会に役立たなくてもよいですが、少なくとも、地震学や関連学問は防災・減災学を無視すべきではないと考えます。

そのような状況を踏まえて、活断層とは何か、内陸地震はどのように起きるか、そういった問いに応えられるように筆を進めました。「活断層地震」という言葉は、研究者が使う正式な用語ではありませんが、「活断層によって発生する地震」ということに注目していただくため、あえて書名に用いました。新書一冊に網羅的にまとめましたので、物足りない読者もいらっしゃるかもしれませんが、まずは本書にて活断層と内陸地震の関係について、大づかみにでもご理解いただければ幸いです。

活断層地震はどこまで予測できるか◉目次

第7章 地震は連鎖する ——活断層地震の「火種」とは

第8章

第１章

日本を襲う２種類の地震

写真上／東北地方太平洋沖地震による巨大津波で建物の屋上に打ち上げられた南三陸観光のバス（宮城県石巻市雄勝《おがつ》）。

写真下／1995年兵庫県南部地震で横倒しになった阪神高速道路。

地震は断層の歪みが引き起こす

2016年4月に発生した熊本地震は、いわゆる「直下型地震」でした。しかし我々専門家は、直下型地震という言葉を使いません。正確には、内陸地殻内地震といいます。短縮して内陸地震ともいいます。本書では、以降は「内陸地震」と呼ぶことにします。

この内陸地震とは別に、東北地方太平洋沖地震や南海トラフ沿いで起きる地震などを「海溝型地震」といいます。地面が揺れる、という現象は基本的に同じですが、内陸地震と海溝型地震とでは、震源の場所や深さ、発生メカニズムや規模、被害の様相など、地震としての性格がかなり異なります。その違いは後ほど解説しますが、まずはその前に、地震が起きるメカニズムを簡単に見ていきましょう。

地震とは、数十年から数万年という長期間にわたって地殻内に蓄えられた歪《ひず》みが、断層という弱い部分から数秒～数十秒間に一気に地面の揺れ（地震波）として解放される現象をいいます。つまり、地震とは断層運動のことです。

ただし、一般にいう「地震」には、地面の揺れそのものを指す場合と、「○○地震」などという使い方で震源を指す場合の2つの意味があります。本書ではとくに断らないかぎり、後者の意味で地震を定義します。前者を指す場合は地震波とか地震動と記すことにします。

さて、地震が断層運動によって生じることが「弾性反発説」として提案されたのが約100年前、観測と論理から証明されたのはわずか約50年前のことです。

内陸地震のメカニズムは次のようになります。

断層を挟んで両側にそれぞれ異なる向きの力が加わると、断層周辺の地殻が徐々に歪みます。日本の内陸の地殻は花崗《かこう》岩や変成岩など多様な岩石から構成され、見た目には弾力性があるイメージはありませんが、これが数〜数百キロメートル単位のマクロな視点ではゴムやスポンジのように弾性的な性質を示します。その歪みが断層の強度に打ち勝った瞬間に、岩盤が断層面を境に一気にずれ動きます。このときに溜めていた歪みが地震動として放出されます。内陸地震では、数キロメートルから数十キロメートルの規模で地盤（地殻）が歪みます（**図1-1**）。

残念ながら、大地震を起こした地下の断層運動を直接観察することはできません。そこで、断層の位置、断層の規模、断層の動きなどを推定するために、主として3つの情報が使われます。

1つ目は、地震波、すなわち地震動（揺れ）の情報です。2つ目は地面の変動、すなわち地殻変動です。そして3つ目が、地表に現れた断層です。地表に現れた断層については、震源が海だと直接確認できないのですが、逆に地表での変動が海水を動かし、それが津波となって、震源の推定にも使われます。

地震波には、縦波といわれるP波と横波のS波の2種類があります（**図1-2**、震源が浅く規模が大きいと表面波といわれる波も生じますが、ここでは扱いません）。

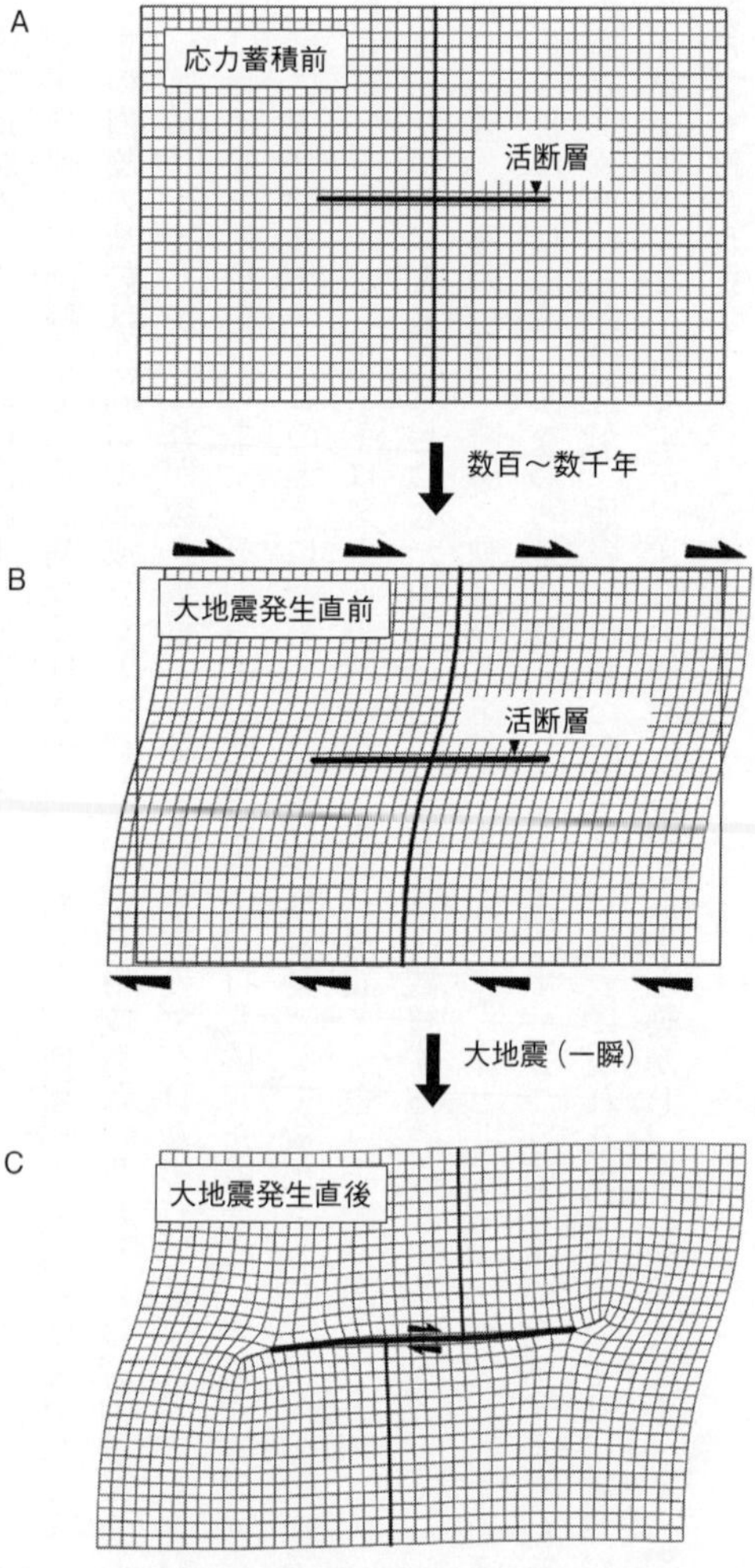

図1-1　活断層周辺の歪み蓄積と地震による解放（弾性反発説）。地面を上空から見下ろしたイメージ

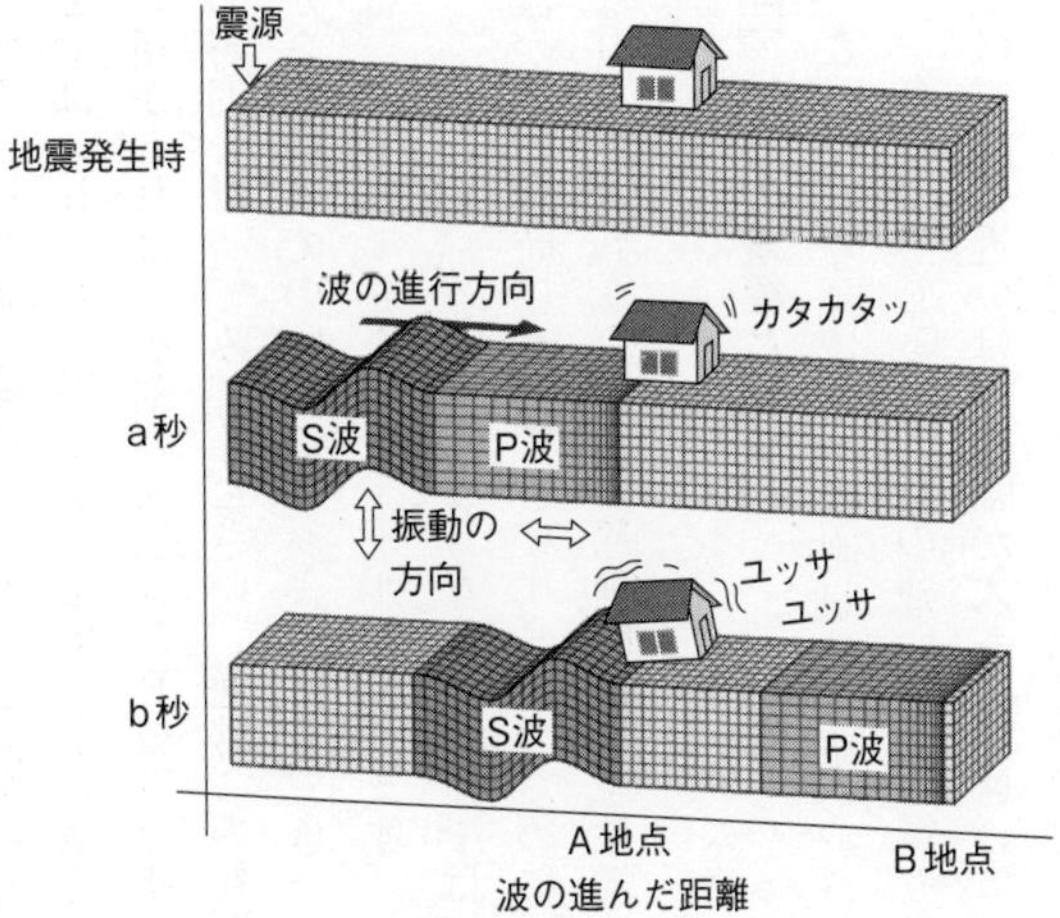

図1-2　P波（縦波）とS波（横波）

P波は最初に感じるカタカタッというような小刻みな揺れで、状況によっては気づかないこともあるほど、揺れ自体は小さいのが特徴です。P波は密度波ともいわれ、地面の振動方向が震源からの波の伝わる方向と一致します。これが縦波と呼ばれる理由です。このP波の後にやってくるのが主役のS波で、地震動イコールS波とみなしてもよいほどです。そのため、主要動とも呼ばれ、被害はこのS波からもたらされます。

S波は、波の伝わる方向と直角の向きに振動します。それが横波と呼ぶ理由です。P波とS波は震源では同時に発せられますが、P波のほうが速いので、実際の揺れとしては両方の波が分離されることになります。P波は地殻内では通常秒速7キロメートル程度、S

波は秒速4キロメートル程度です。

両方の波の到達時間の差を初期微動継続時間と呼び、震源位置の決定に用いられます。**図1－2**では（b－a）秒となります。緊急地震速報にもこの原理が応用されています。もし、状況に余裕があれば、小刻みな揺れ（P波）を感じたらすぐに腕時計を見て、大きな揺れが始まるまでの時間を計ってみてください。通常この初期微動継続時間（秒）を8倍すると、自分のいる場所から震源までの距離がおおよそ計算できます。たとえば、小刻みな揺れが5秒間続くようであれば、5×8＝40キロメートルとなります。

しかし、熊本地震のような内陸地震では、震度6や7の地域は震源直上付近なので、P波とS波がほぼ同時にやってきます。そのために、揺れを感じた後に緊急地震速報の通知が届くことになります。残念ながら、原理的に緊急地震速報は内陸地震には無力です。

地震の規模と断層

このような地震波の観測記録を使って、地震規模であるマグニチュード（M）が求められます。各地で感じる地震動の強弱は、地震波の振幅の大小で記録されます。もちろん、1つの地震では震源に近いほど振幅が大きく、遠いほど小さくなります。地震どうしの大きさを比較するには、震源から同じ距離にある地震計で記録された振幅を、それぞれ比較する必要があります。そこで、マグニチュードを決めるために、震源からある一定距離のところで計測された地震波の最大振幅が用いられます。

地震規模が大きいと最大振幅も大きくなるため、マグニチュードは大きくなります。実際には、利用する地震波の区別や、最大振幅と周期との比をとり、各種の補正を加えるなどします。そのため、いろいろなマグニチュードの定義が存在します（これがときどき混乱のもとになりますが）。

通常日本で用いられるのは「気象庁マグニチュード」で、周期５秒程度までの短い周期の地震動記録を用いて算出され、震央からの距離と深さによって若干の補正が加えられます。他のマグニチュードと区別するため、ＭではなくＭ$_j$と表すこともあります。本書では、とくに断らないかぎりＭは気象庁マグニチュードを用います。

ところで、地震を起こした地下の断層を「震源断層」といいます。そして、震源断層での断層運動は、モーメントという物理量で表すことができます。具体的には、断層の長さ、断層の幅、断層沿いでの変位量（ずれの大きさ）、地殻の剛性率の積（掛け合わせ）として表されます。地殻の剛性率は定数で、地震ごとに変化する値ではありません。したがって、個々の地震のモーメントは、断層の長さ・幅・変位量で単純な比較が可能となります。

３つのパラメータの積なので、地震モーメントを視覚的に体積として表現することができます

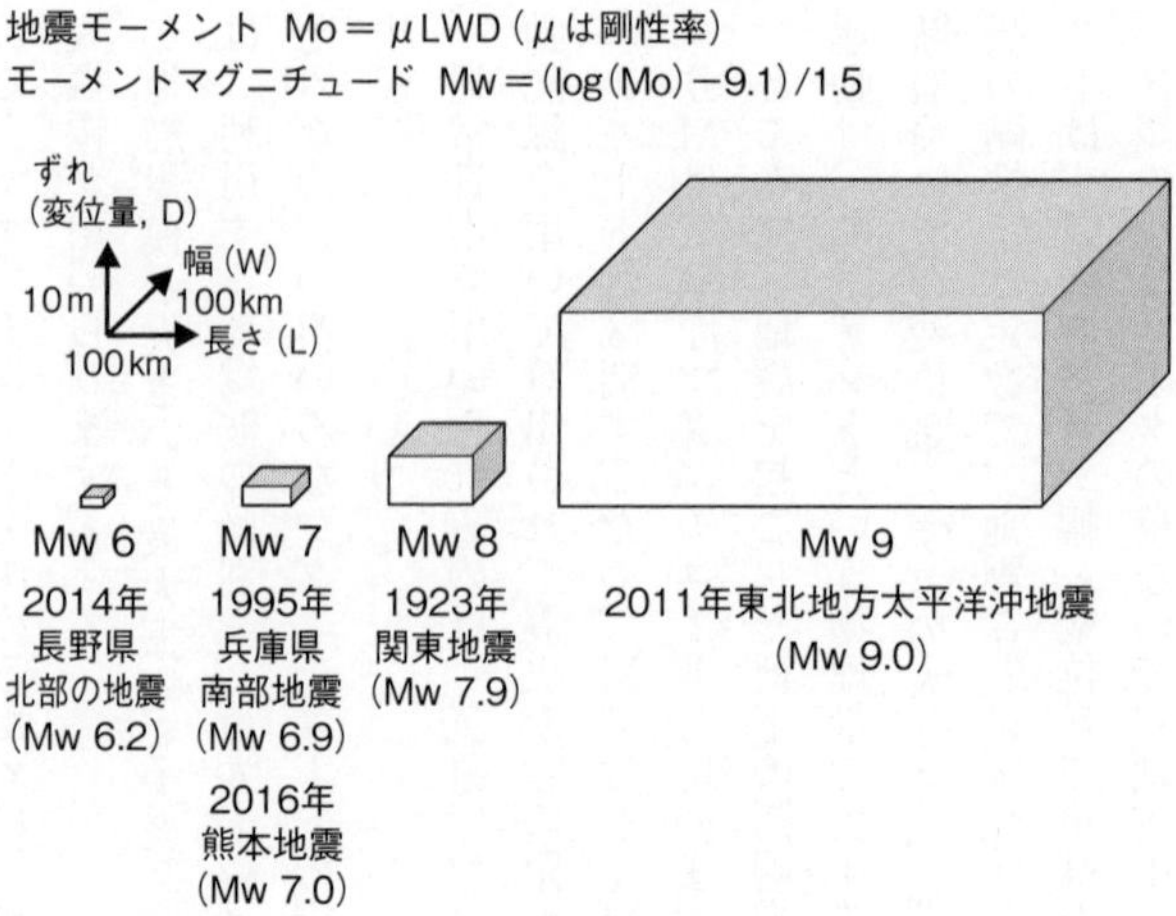

図1-3　地震モーメントによる規模の違いの比較

（図1-3）。この地震モーメントを考慮して求めたマグニチュードを「モーメントマグニチュード（M_w）」といいます。M_wは物理量を考慮したものなので、これを使えば世界中の地震を相互に比較できるという利点があります。

　ちなみに、1995年に起きた兵庫県南部地震と2000年に起きた鳥取県西部地震はともにM7・3ですが、モーメントマグニチュードで表すと、前者はM_w6・9、後者はM_w6・6です。兵庫県南部地震のほうが、鳥取県西部地震よりも大きいことを表しています。また、2016年に起きた熊本地震も同じくM7・3ですが、M_wは7・0でした。兵庫県南部地震よりも少しだけ大きかったのです。

M_wが1大きくなると、モーメントは32倍大きくなります。エネルギーもそのくらいの違いがあります（実際は、断層運動によって生じる熱や破壊のエネルギーなど、地震波以外の部分もあるので、モーメントと放出エネルギーは単純に同じではありません）。兵庫県南部地震と鳥取県西部地震のM_wの差はわずか0・3ですが、エネルギーで比べると前者のほうが3倍大きいことになります。

M_wが2大きくなると約1000倍です。兵庫県南部地震（M_w6・9）の震源断層は、長さ約50キロメートル、幅約20キロメートル、平均のずれ約2メートル、東北地方太平洋沖地震（M_w9・0）は長さ約500キロメートル、幅約200キロメートル、平均のずれ約20メートルでした。すべてが10倍なので、10×10×10で約1000倍モーメントが大きいのです。

ところで、このような数キロメートルから数百キロメートルにおよぶ断層では、断層全体が一度にずれ動くわけではありません。最初にずれ（変位）が生じる部分を震源といいます。震源の地表での位置を震央と呼びます。変位は岩盤の一種の破壊現象なので、震源を破壊開始点と呼ぶこともあります（図1-4）。その後、震源から秒速1〜3キロメートルの速さで、このずれ（破壊）が断層沿いに伝わっていきます。ジッパーを動かすようなイメージです。

東北地方太平洋沖地震では、断層の長さが500キロメートルもあったので、断層末端にずれがおよぶまで約3分もかかりました。このことが、3分以上の揺れの継続をもたらした理由で

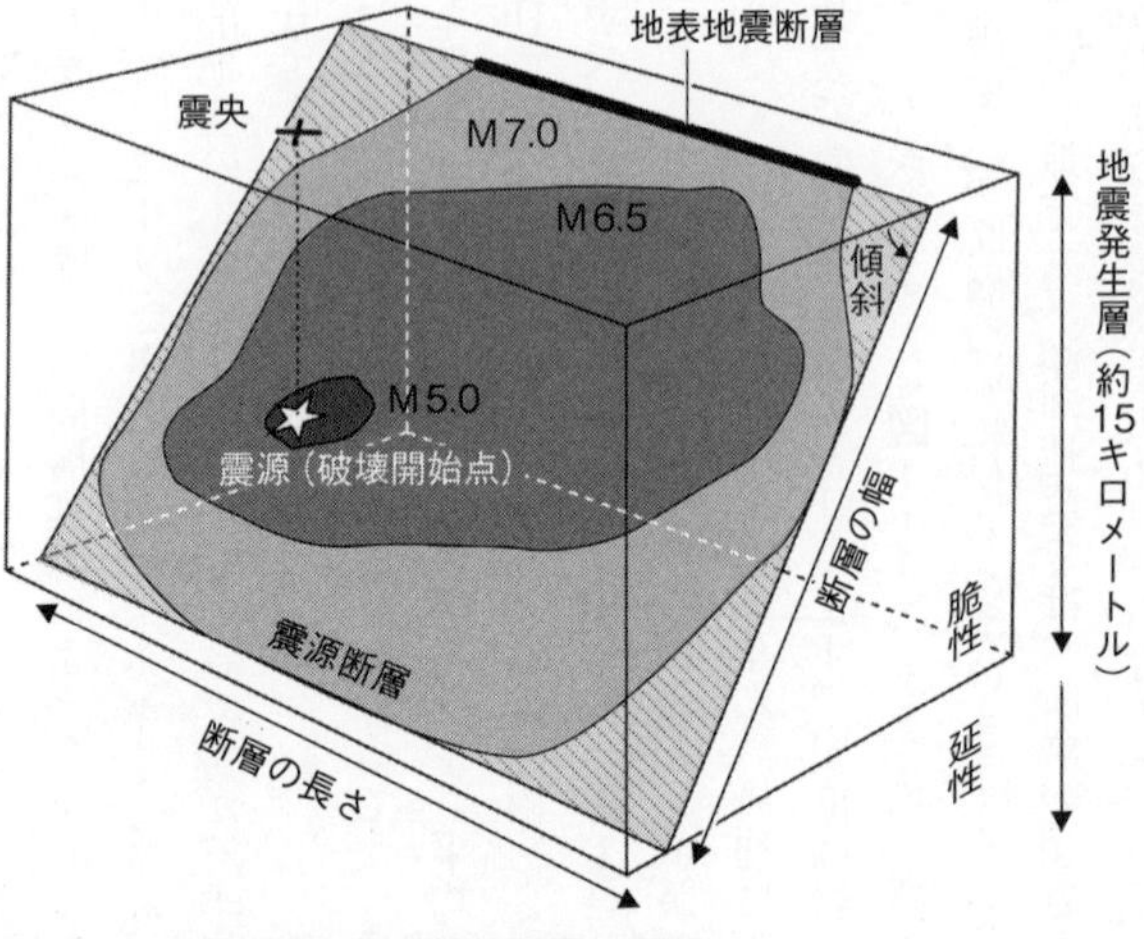

図1-4　震源断層と地表地震断層の関係

す。この震源から断層末端まで破壊が伝わる時間を破壊継続時間といいます。

兵庫県南部地震や熊本地震の場合は、破壊継続時間はわずか10秒程度でした。したがって、地震動の継続時間が長いほど、動いた断層の規模が大きく、マグニチュードも大きくなります。

次に地震が起きたときに、余裕があれば揺れが続く時間を計ってみてください。大雑把に長い間揺れが続けば、大きな地震が発生したことがわかります。前出の初期微動継続時間と組み合わせて考えると、遠方での大きな地震なのか、わりと近場での大きな地震なのかが判断できます。

断層には3つのタイプがある

地震波の解析によってわかるのは、断層の大きさやずれの量だけではありません。震源断層の方向（走向）や傾斜、ずれの向き（レイクという）も推定できます。

観測点に真っ先に到着するP波の最初の動き（初動）に、震源での最初の動きが反映されています。記録されたP波の初動が上向きか下向きか（押しと引きという）、その分布を震央を中心とした多数の観測点で調べることによって、震源でどのような力が働いたのか、どのような運動が起こったのかがわかるのです。

この分析によって、断層面解という2つの震源断層の候補が選ばれます。その後に、余震の分布や後述する地表地震断層の分布、地殻変動の解析などで、どちらかの震源断層に絞られます。

そのようにして解明された震源断層は、断層にかかる力（応力）と、それに対応するずれの向きによって、正断層、逆断層、横ずれ断層の大きく3つに分類されます（**図1-5**）。なお、本書では今後たびたび「応力」という言葉が出てきます。応力とは、物体に力を加えたときに物体内に生じる抵抗力のことです。単位面積あたりの力、つまり圧力（単位はパスカル）として表します。ここでは、プレート運動が遠因となって地殻内で生じる圧力と考えてください。また、このような震源断層の動きを単に「メカニズム」と呼ぶことがあります。

正断層、逆断層は岩盤のずれ動く方向はともに上下ですが、正断層は地殻が引っ張られる場合

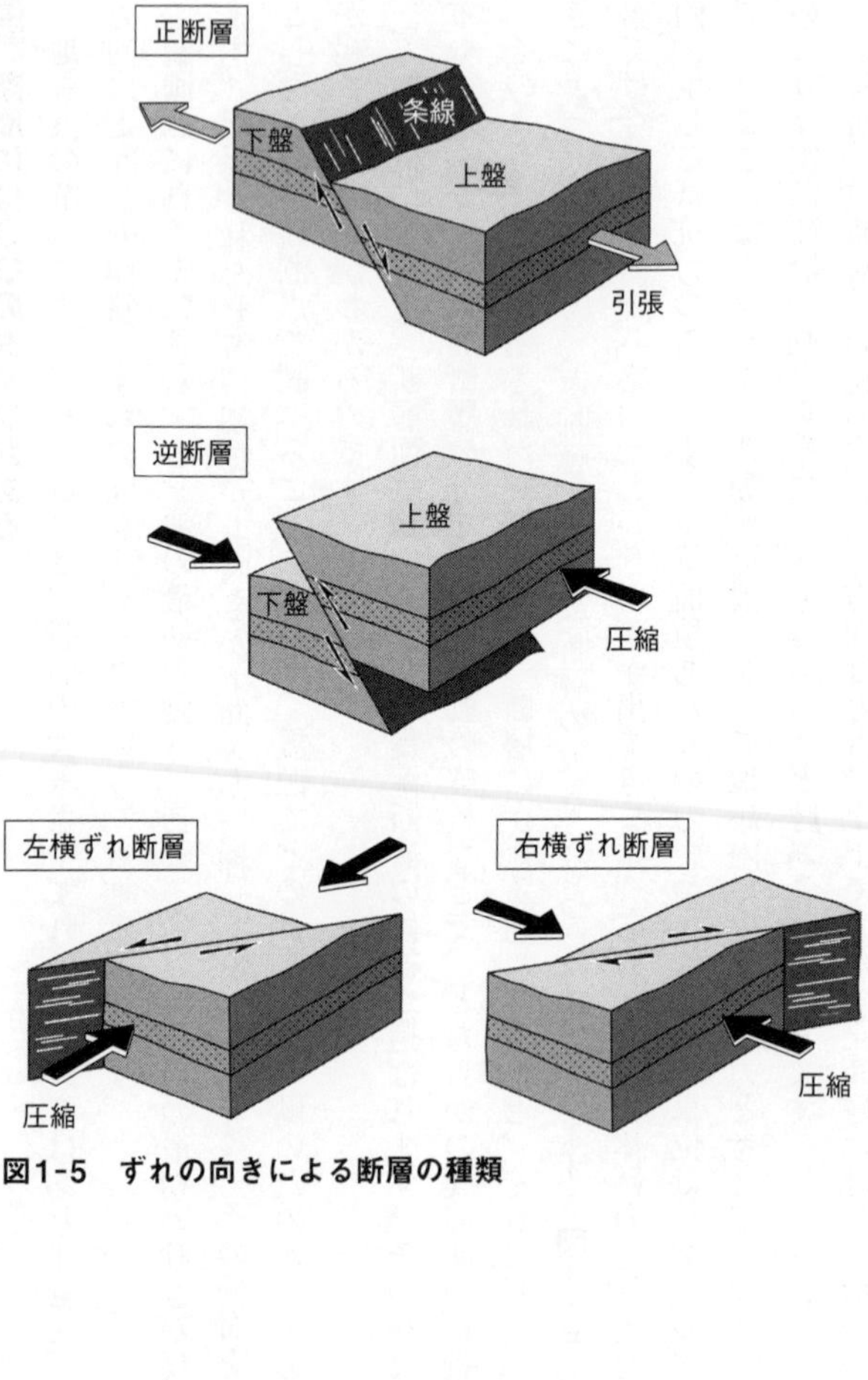

図1-5　ずれの向きによる断層の種類

（引張場）、逆断層は地殻が圧縮される場合（圧縮場）に生じます。一見同じ動きに思えますが、岩盤の水平移動に着目すると、正断層では断層を挟んで地面が引き伸ばされ、逆断層では短縮されます。ともに断層面は傾斜していますが、その断層を挟んで上にある岩盤を上盤《うわばん》、下側を下盤《したばん》といいます。正断層では上盤が相対的に沈降し、逆断層では上盤が隆起します。傾斜角は、一般に正断層は45〜65度、逆断層は25〜45度です。低角度の正断層、高角度の逆断層も例外的に報告されています。

横ずれ断層は、断層面を境に岩盤が水平方向にずれ動きます。断層を挟んで向かい側の岩盤が左側に移動する場合を「左横ずれ断層」、逆に右側に移動する場合を「右横ずれ断層」といいます。

横ずれ断層の走向（方向）は、圧縮の方向（圧縮軸）から30〜45度になる場合がほとんどです。左横ずれ断層と右横ずれ断層は、圧縮軸からそれぞれ反対側に分布します（共役《きょうやく》の関係といいます）。すなわち、同一地域では左横ずれ断層と右横ずれ断層の走向が90±30度ほど異なるのが普通です。横ずれ断層の傾斜は多くの場合、鉛直もしくは高角度です。

実際は、純粋な正断層、逆断層、横ずれ断層はほとんどお目にかかれません。横ずれ成分を持つ正断層、横ずれ成分を持つ逆断層、縦ずれ成分を持つ横ずれ断層となります。両成分が均等に近いようであれば、斜めずれ断層と呼ぶ場合もあります。正断層と逆断層が組み合わさることはありません（これはわかりますよね）。

なお、「正断層は引張場で生じる」と簡単に説明しましたが、地中で岩盤が本当に引っ張られている状況はきわめてまれです。海中での水圧と同じく、地中でも深いほど岩石の荷重による圧力が増します。これを鉛直荷重圧（応力）とか封圧といいます。大地震の震源となる地下10キロメートルでは、約250メガパスカル（大気圧の2500倍）もの圧力がかかっています。

一方で、後述するプレート運動によって、日本列島には水平方向からの力が加わっています。引張場というのは、この鉛直方向からの荷重圧が、水平方向からの圧力よりも大きな場合のことです。この場合に正断層が動きます。

プレートテクトニクスと日本列島

繰り返しますが、地震とは、地球を構成している岩石の一部分に急激な（断層）運動が起こり、そこから地震波が発生する現象です。そのため、地震を引き起こすには、地殻に力がかかり続けなければなりません。その原動力がプレートテクトニクスです。

プレートテクトニクス理論によると、地球上はジグソーパズルのように十数枚のプレート（地殻と最上部マントルからなるリソスフェア（岩石圏））によって覆われています。プレートの厚さは10〜100キロメートルほどになります。地震や火山活動は、それらの相対運動によって物質の移動や衝突、摩擦が生じて起こります。また、長期的には、山脈や海溝・海嶺などの大地形が形成される原因にもなっています（図1-6）。

このプレート間の相対運動は、双方の移動ベクトルの違いによって、収束・発散・平行移動型（トランスフォーム型）の3タイプに分けられます。プレート境界とその周辺は、プレート内部に比べてきわめて歪みの蓄積速度が速く、「変動帯」と定義づけられ、地震や火山活動が活発です。これらはプレート境界に沿って帯状に分布しているため、古くから「地震帯」とも呼ばれてきました。

環太平洋地域や、大陸どうしが衝突しているインド・ヒマラヤ地域、中東から地中海にかけての地域は、顕著な地震帯です。また、海洋プレート内では、プレート発生場である海嶺や、その海嶺（軸）に交差する平行移動型のトランスフォーム断層沿いで、活発な地震活動が認められます。一方で、北米カナダ大陸やオーストラリア大陸などの安定大陸地塊では、全般的に地震活動は低調です。このような地震活動の度合いの高低は、プレート相対運動に比例した地殻の歪み速度と相関があります。

日本列島は、沈み込み型の収束境界に位置する地震帯の一つです。ユーラシアプレートの縁辺部にあり、南からフィリピン海プレート、東から太平洋プレートが沈み込む場所に位置します（ユーラシアプレートについては、糸魚川-静岡構造線と日本海東縁断層帯を境に、東北日本側

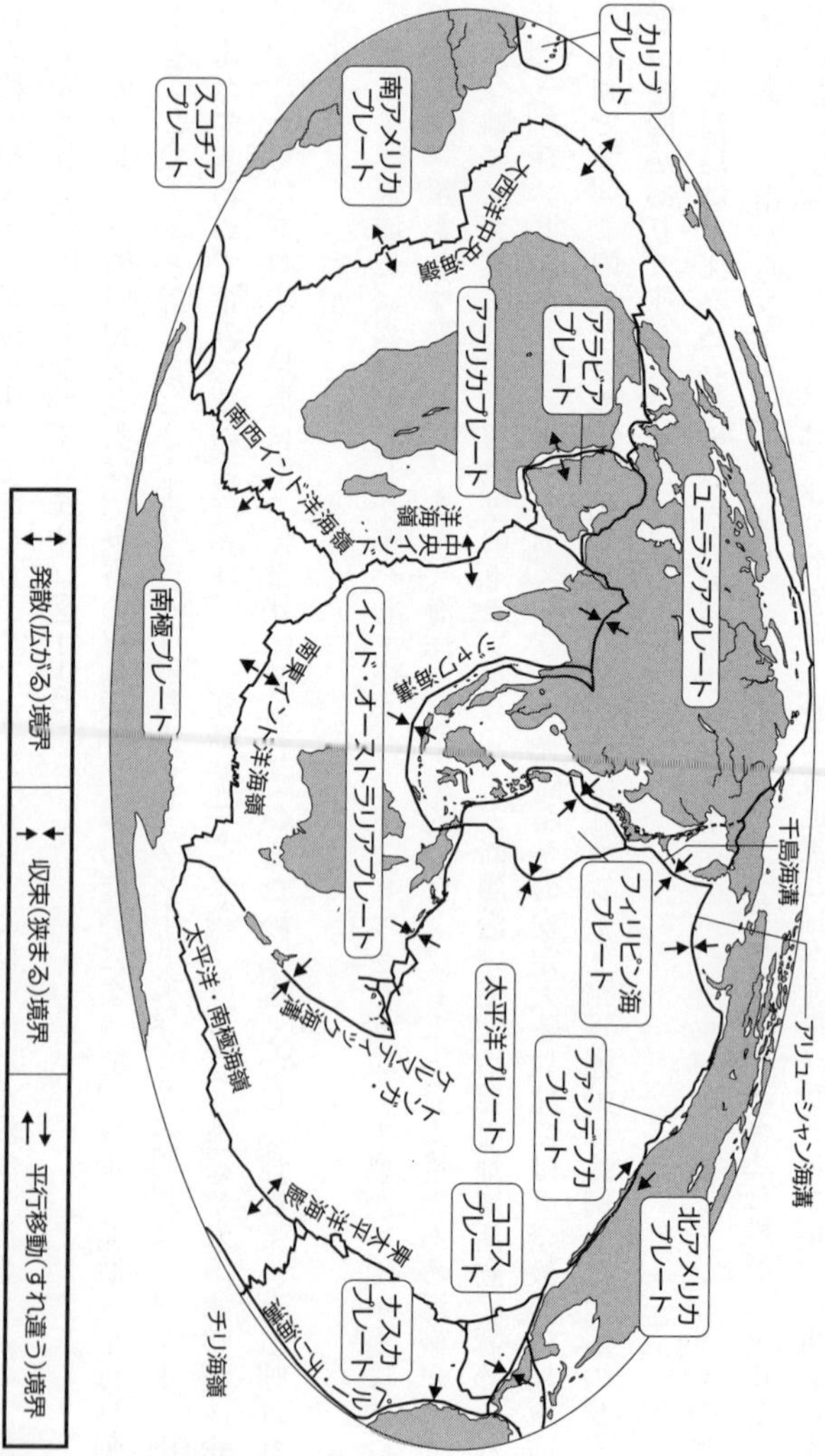

図1-6　現在の主なプレートの分布

を北アメリカプレートとする説もある）。全地球スケールの地図では、日本列島そのものが１つのプレート境界周辺の地震帯に含まれます。

日本列島とその周辺部では、これらの３つのプレートの相対運動によってプレート間地震（プレート境界地震ともいう）が発生します（**図1-7上**）。

千島海溝沿い、日本海溝の三陸沖から房総沖で発生するプレート間地震は、太平洋プレートと陸側のプレートの境界で発生します。十勝沖地震や宮城県沖地震などのように、数十年間隔でＭ７〜８規模の地震が繰り返されます。その一方で、数百〜１０００年程度に１回の頻度で東北地方太平洋沖地震（Ｍ９・０）のような超巨大地震も発生します。

また、相模トラフ、南海トラフ、日向灘では、フィリピン海プレートの沈み込みにともなうプレート間地震が発生します。１９２３年の大正関東地震（Ｍ７・９）、１９４４年の東南海地震（Ｍ７・９）、１９４６年の南海地震（Ｍ８・０）などがその例です。南海トラフ沿いは、東から東海、東南海、南海というように、主として３つの地震発生区に分けられ、１７０７年の宝永地震（Ｍ８・６）はそれらの連動型巨大地震とみられています。１００〜２００年程度の間隔で巨大地震を繰り返すことが指摘されています。

このように日本列島とその周辺では大地震は海溝周辺で起こるため、海溝型地震＝プレート間地震となります。しかし、厳密には海溝型地震には海洋プレートの内部で発生する地震も含まれ

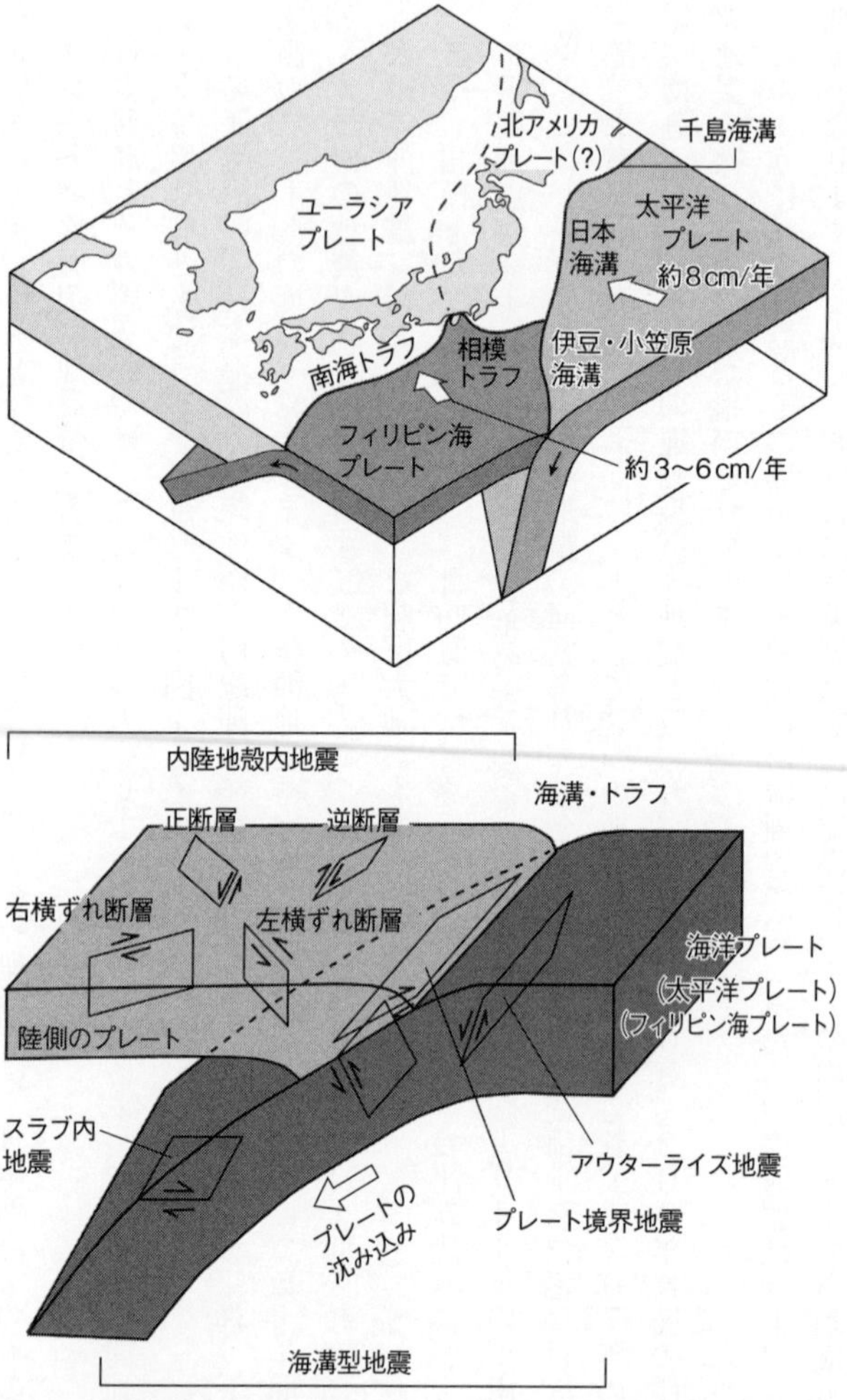

図1-7　日本列島を取り巻くプレートと、発生する地震のタイプ
(地震調査研究推進本部の図に加筆)

ます。

海洋プレート内地震はさらに、アウターライズ地震とスラブ内地震に分類することができます（**図１-７下**）。前者は沈み込む前の海洋プレート、すなわち海溝よりも海側のプレート内で発生する地震で、ほとんどが正断層型の震源断層によるものです。

アウターライズ（outer-rise）とは、海溝軸に近い場所で沈み込むプレートが、地形的に盛り上がった場所をいいます。プレートの沈み込みにともなって、海洋プレートが折れ曲がることに起因しています。折れ曲がった部分の外側（表層側）では引張力が働き、正断層型の地震が発生します。アウターライズ地震は、隣接するプレート間地震の後に活発化する場合が多く、東北地方太平洋沖地震でも、本震40分後にＭ７・５の地震が発生しました。

アウターライズ地震が海溝付近で発生するのに対して、沈み込んだ海洋プレート内で発生する地震をスラブ内地震といいます。多くは逆断層型の震源断層です。アウターライズ地震のように必ずしもプレート間地震の後に発生するものではありません。最近の顕著な例として、１９９４年に起きた北海道東方沖地震（Ｍ８・２）があります。また、東北地方太平洋沖地震後にも多くのスラブ内地震が誘発され、本震約１ヵ月後（４月７日）にはＭ７・２、深さ66キロメートルの地震が発生しました。

内陸地震

ここまで、プレート運動にともなう海溝型地震の発生のしくみを説明してきました。これから本題の内陸地震の説明に移ります。

兵庫県南部地震や熊本地震のような内陸地震は、文字どおり陸域直下で発生します。震源が浅いため震度7の激震域をともなうことが多く、局地的に甚大な被害をもたらします。

図1－8には、日本列島とその周辺に発生した2014年10月から2016年9月までの2年間の震央分布を示しました。このような震央分布は、リアルタイムでインターネットを通じて見ることができます（防災科学技術研究所「Hi-net」の自動処理震源マップ、http://www.hinet.bosai.go.jp/hypomap/）。

これを見ると、海溝から少し陸側では、プレートの沈み込みに対応して数十キロメートルもの深さまで地震が発生しています。東北地方の太平洋側では、さまざまな深さで多数の地震が発生していますが、この多くは東北地方太平洋沖地震の余震です。その他、関東地方や南海トラフ沿いでも、沈み込んだ海洋プレートに関係した深い地震が発生しています。

一方で、日本の内陸では、震源の深さがそろって20キロメートルよりも浅いことがわかります。内陸域での地震発生の深さ限界を示しています。この深さ限界が、内陸地震を明確に定義でき、海溝型地震と区別できる理由です。

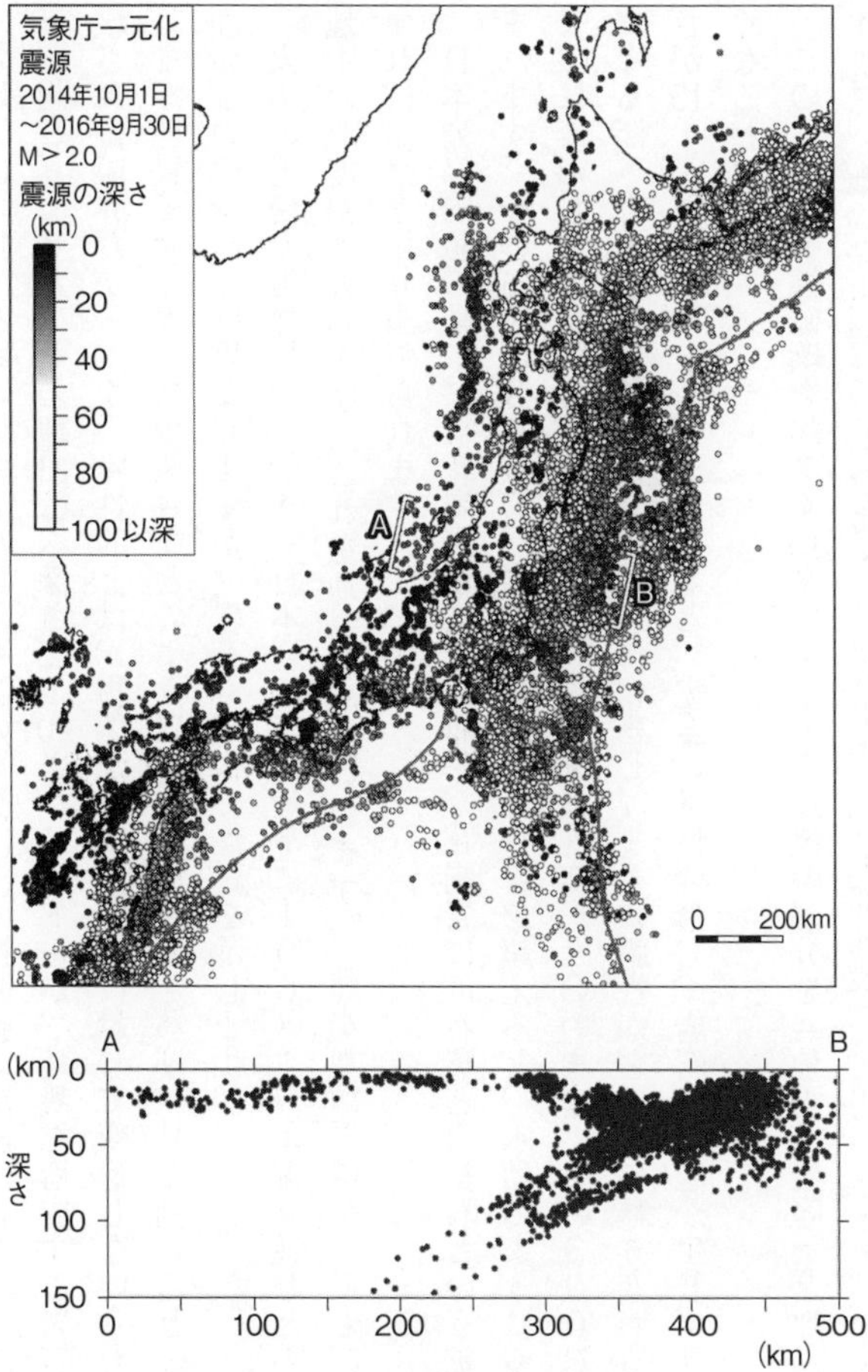

図1-8　日本列島とその周辺の最近の地震活動

陸域では、15～20キロメートルよりも深い地震は火山性微動（深部低周波地震）などを除いてほぼ起こりません。その理由は、深さ15～20キロメートルが、地殻を構成する岩石が脆性的《ぜいせいてき》に破壊される限界だからです。脆性的とは、物体が外からの力に対して変形しないうちに破壊されてしまう性質です。ガラスや煎餅などのように、力が加わるとバリバリと割れるというものです。加わる力のレベルは異なりますが、岩石も同様の性質を示します。

火山の近傍や地熱地帯を除き、日本列島では地下に100メートル掘り進むと平均約3℃ほど地中の温度が上昇します（これを地温勾配といいます）。熱水地域ではなくても、地下深く掘削すれば温泉を掘り当てられます。

日本列島内陸の地下には花崗岩が広く分布し、花崗岩には石英と斜長石という鉱物が大量に含まれます。その石英は300℃、斜長石は約450℃を超えると、水飴のようにゆっくり流れるように変形します。弾力性を失います。これを延性変形といいます。この300℃から450℃になる深さは地下10～15キロメートルに相当し、まさに脆性から延性に移り変わる部分です。深さが15～20キロメートル以上になると、完全に延性変形し、岩石の破壊が生じず地震が発生しなくなるわけです。

このような脆性破壊を起こす15キロメートル以浅の部分を「地震発生層」と呼んでいます（図1-9）。地震発生層は、おおよそ地殻の上半分（上部地殻）に相当します。いくら日本列島が

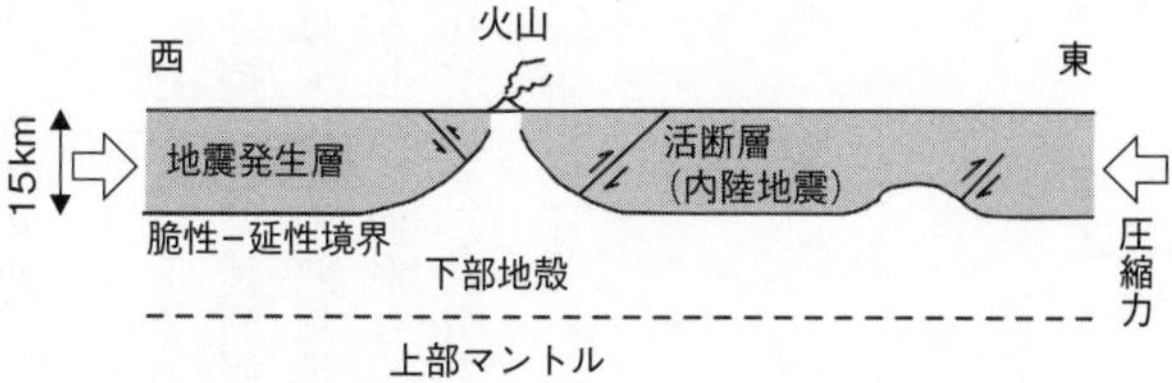

図1-9　地震発生層と活断層の分布（長谷川、1991を改変）

細長いとはいえ、幅３００キロメートル前後はあります。つまり、地震発生層の厚さが15キロメートルで、水平的な拡がりが３００キロメートルにもおよぶわけです。

したがって、地殻は不安定な薄いガラス板のようなものです。この薄い「ガラス板」は、ふだんから太平洋プレートやフィリピン海プレートの沈み込みや衝突による水平の圧縮力を受けています。その状態を考えると、日本列島に地殻内の亀裂ともいえる活断層が多数存在することが、容易に想像できると思います。

地震発生層は、地域によってさらに薄く脆くなります。地温勾配が高い火山直下とその周辺、地熱地帯です。そのような地域では、地震発生層が数キロメートル以下となり、地殻の強度が局所的に低下します。そのため、火山周辺では小さな活断層が多数分布し、地震も発生しやすいのです。そのかわり、地震発生層が薄いと断層の幅（深さ）が限定されます。歪みを蓄積・解放する断層の長さと幅が小さくなり、地震の規模も小さくなります。実際に、火山から約10キロメートル以内ではＭ６以上の地震は発生しない、とする研究報告もあります。火山の近くでは活断層の数は増えるのですが、大きな活断層が発達することは少ないようです。

逆もまたしかりで、地温勾配が低く地震発生層が厚い地域では、地殻の強度が高くなります。そのため、活断層が発達しにくくなり、大きな内陸地震も発生しなくなります。そのような地域は火山や地熱地帯から遠方にあるか、冷たい海洋プレートが沈み込む部分などに相当します。こうした条件から、主要な活断層は地震発生層の厚みが適度な地域に集中することになります。これが、後に説明する活断層分布の不均質性の一因です。

第２章

地震と断層

写真／淡路島の北淡震災記念公園にある野島断層保存館。阪神・淡路大震災を引き起こした野島断層の動きを今に伝える。

地表に断層が現れるしくみ

地震発生層からさらに踏み込んで、大地震の震源の深さを決める要因を考えてみましょう。

前述したように、海底での水圧と同様に、地下深部に行くほど積み重なった岩石が厚くなり、その荷重で圧力が増します。そのため、地震発生層の最下部、すなわち深さ10〜15キロメートルあたりで岩盤の強度が最大になり、断層の強度も最大になります。ここが、弾性的な歪みを最も溜めている深さです。

そのような場所でひとたび大きな断層運動（ずれ）が発生すると、その動きは浅いところまで伝わりやすくなります。破壊は、強度の高い部分から低い部分に拡大しやすいからです。逆の場合、すなわち浅いところから断層が動いても、深部までずれが拡がることは少ないのです。大地震の震源（破壊開始点）が深さ数キロメートル以浅になることはごくまれです。このことから、内陸大地震の震源の深さは、10〜15キロメートルとなる場合がほとんどです。

ここで、深さが15キロメートルでM5・0の地震が発生したと仮定しましょう（**図1-4**）。M5・0の断層の大きさは、せいぜい1キロメートル程度です。そのため、地表でその断層の動きを直接見ることはできません。地面の動きもほとんど検知できないでしょう。

さて、こんどはM7・0の地震が深さ15キロメートルで起こったと仮定しましょう。M7・0の地震の断層の大きさは、20キロメートル程度にもおよびます。地震発生層の厚さ以上になりますね。そうすると、地震動を引き起こした断層（震源断層）とそのずれが地表に顔を出すことになります。これを地表地震断層といいます（以下省略して、地震断層と呼びます。過去の研究から、日本列島の場合、M6・8程度以上で地震断層が出現するといわれてきました。

このことを実際に確認してみましょう。**図2－1**、**表2－1**は、気象庁の地震カタログが記録され始めた1923年（大正12年）以降、2016年10月までに陸域で発生したM6・5以上のすべての地震をまとめたものです（注：2000年の福岡県西方沖地震や2007年の新潟県中越沖地震など沿岸域の地震は除外しています）。

37個の内陸地震のうち、15個で地震断層が観察されています。したがって、M6・5以上で約40％です。M7・0以上では、地震数12に対して地震断層出現例は10個なので、約80％となります。

ちなみに、M6・5以上の内陸地震の年間発生率は0・4個になります。ほぼ2年に1回です。M7・0以上だと年間発生率は0・1個なので、おおよそ10年に一度です。したがって、日本で地震断層が出現する頻度は10年弱に一度くらいということになります。ちなみに、2011年以降今日まで、2011年4月の福島県浜通りの地震、2014年11月の長野県北部の地震、2016年4月の熊本地震と、なぜか立て続けに地震断層が出現しています。何が起きているのか気になるところです。

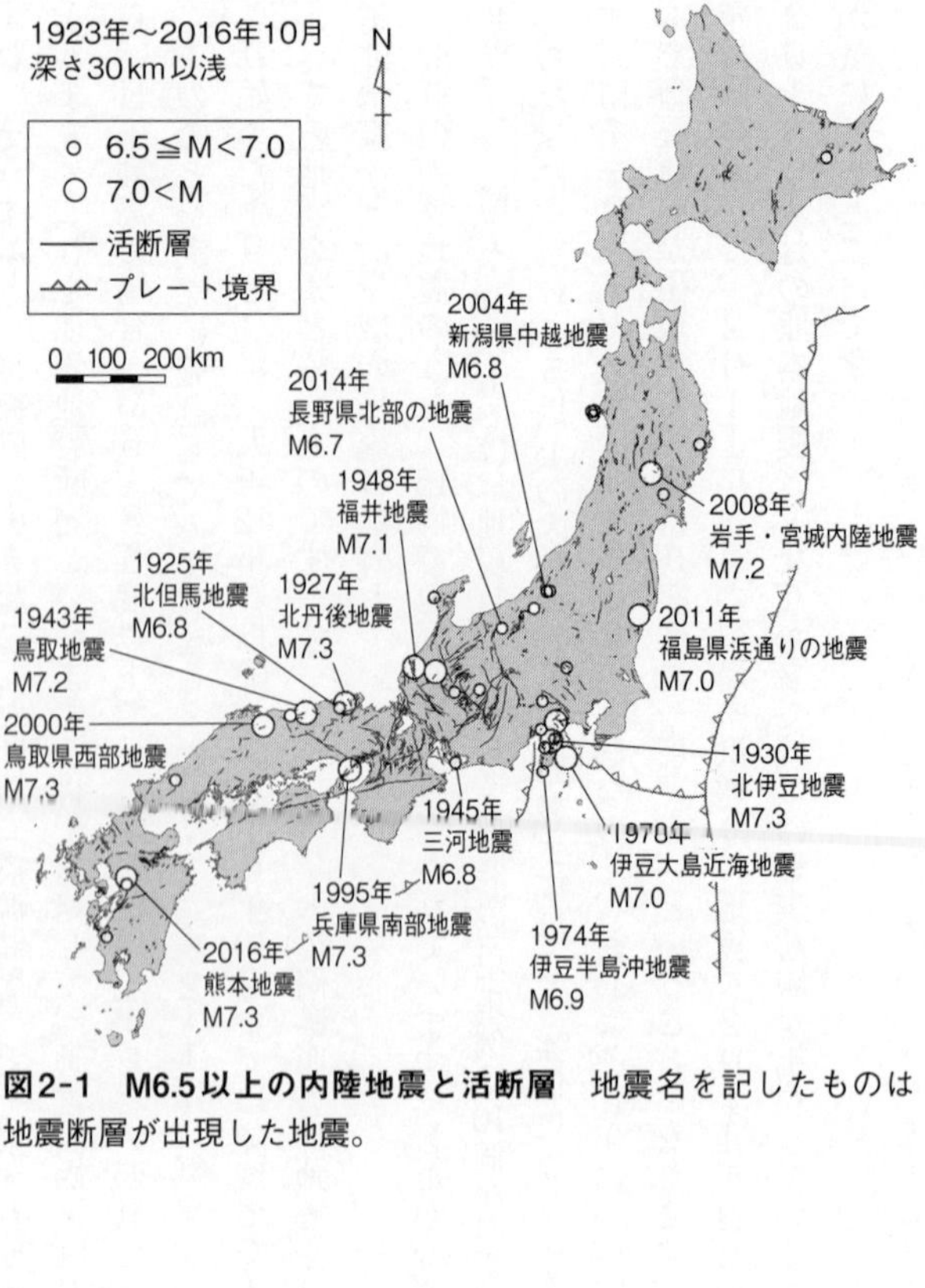

図2-1　M6.5以上の内陸地震と活断層　地震名を記したものは地震断層が出現した地震。

表2-1　1923年以降に日本列島陸地直下に発生したM6.5以上の内陸地震

番号	発生年月日	地震名	M	地震断層名	タイプ	長さ(km)
1	1923年9月1日	山梨県東部	6.8	-	-	-
2	1923年9月1日	北伊豆半島	6.6	-	-	-
3	1923年9月1日	西北伊豆半島	6.6	-	-	-
4	1923年9月2日	西伊豆半島	6.5	-	-	-
5	1924年1月15日	丹沢	7.3	-	-	-
6	1925年5月23日	北但馬	6.8	田結断層	縦ずれ	2
7	1927年3月7日	北丹後	7.3	郷村断層・山田断層	左横ずれ・右横ずれ	22
8	1930年11月26日	北伊豆	7.3	丹那断層	左横ずれ	32
9	1931年9月21日	西埼玉	6.9	-	-	-
10	1931年11月4日	岩手	6.5	-	-	-
11	1939年5月1日	男鹿半島	6.8	申川断層(?)	-	-
12	1939年5月1日	男鹿半島	6.7	-	-	-
13	1939年5月2日	男鹿半島	6.6	-	-	-
14	1943年9月10日	鳥取	7.2	鹿野断層	右横ずれ	12
15	1945年1月13日	三河	6.8	深溝断層	逆断層	20
16	1948年6月28日	福井	7.1	福井断層	左横ずれ	25?
17	1961年8月19日	北美濃	7.0	-	-	-
18	1962年4月30日	宮城県北部	6.5	-	-	-
19	1967年11月4日	屈斜路	6.5	-	-	-
20	1969年9月9日	岐阜県中部	6.6	-	-	-
21	1974年5月9日	伊豆半島沖	6.9	石廊崎断層	右横ずれ	6
22	1978年1月14日	伊豆大島近海	7.0	稲取-大峰山断層	右横ずれ	4
23	1984年9月14日	長野県西部	6.8	-	-	-
24	1995年1月17日	兵庫県南部	7.3	野島断層	右横ずれ	17
25	1997年3月26日	鹿児島県北西部	6.6	-	-	-
26	1997年6月25日	山口県北部	6.6	-	-	-
27	2000年10月6日	鳥取県西部	7.3	名前なし	左横ずれ	4
28	2004年10月23日	新潟県中越	6.8	小平尾断層	逆断層	1
29	2004年10月23日	新潟県中越	6.5	-	-	-
30	2007年3月25日	能登半島	6.9	-	-	-
31	2008年6月14日	岩手・宮城内陸	7.2	名前なし	逆断層	20(断続的)
32	2011年3月12日	長野県北部	6.7	-	-	-
33	2011年4月11日	福島県浜通り	7.0	井戸沢断層・湯ノ岳断層	正断層	15×2
34	2014年11月22日	長野県北部	6.7	神城断層	逆断層	9
35	2016年4月14日	熊本	6.5	-	-	-
36	2016年4月16日	熊本	7.3	布田川断層・日奈久断層	右横ずれ	31
37	2016年10月21日	鳥取県中部	6.6	-	-	-

さまざまな地震断層

ひとことで地震断層といっても、断層面そのものが必ずしも出現するわけではありません。英語で地震断層のことをsurface rupture（地表の裂け目）といいます。まさに、地表で観察されるのは「地表破断面」であり、多様な出現形態を示します（図2-2）。

岩盤が直接露出しているなど条件がよいと、断層面そのものが出現し、断層のずれ方向を示すひっかき傷（条線という）が観察される場合もあります（図2-2ⓒ）。しかし、多くの場合は数十センチメートル～数メートルの比高（高さの差）の崖として出現します。断層面や崖自体は不安定なので、観察時に崩落している場合もありますが、崖の比高そのものが断層の上下の食い違い（ずれ量）となります。また上下・水平の動きにともなって、局所的な短縮や引張が生じ、盛り上がりや開口割れ目なども観察されます（図2-2ⓔ）。

横ずれ断層の場合は、地震断層を横切る道路や建物などの人工物や沢などの横ずれも確認できます（図2-2ⓓ）。また、横ずれ主体の断層であっても、地表での断層配置や堆積層の厚さなどによって、局所的な地面の隆起（モールトラック）や、裂け目様の沈降（フィジャー）などが見られることがあります（図2-2ⓐ）。隆起や割れ目の配置は、ずれの向きにも影響を受けます（図2-2ⓑ）。第6章で詳しく説明します。

一方、ずれの程度と軟弱な堆積物の厚さによっては、断層が明瞭に地表を切らず、傾き（傾《けい》

図2-2　地震断層のさまざまな出現形態

動《どう》）やたわみ（撓曲《とうきょく》）として現れることがあります。堆積物がクッションの役割を果たしてずれが緩和されるので「クッション効果」「座布団効果」などとも呼ばれます。

このような傾きやたわみは、幅数メートル以上にわたっていることが多く、現地調査で見落とすことが多々あります。結果として、地殻変動量を過小に見積もることにもつながります。現在では、人工衛星からの測地や航空機からのレーザー計測によって、わずかな断層変位を検出できるようになりました。地震後数日もすると、そのような地殻変動マップを持参してピンポイントで確認に向かうこともできます。地震断層の詳細な分布解明に役立っています。

さらには、航空レーザー計測によって地震発生前の数値標高モデルを取得しておき、地震後の変化量（差分）を調べることによって、地殻変動や断層変位を定量的に算出することもできるようになりました。

日本列島に現れた断層

地震断層について、最近の事例を見てみましょう。

●平成７年兵庫県南部地震

阪神・淡路大震災を引き起こした地震です。１９９５年（平成7年）1月17日午前5時46分に発生した明石海峡直下を震源とするＭ７・３の地震で、淡路島北部から神戸市、西宮市、宝塚市に甚大な被害をもたらしました（死者６４３４名、被害総額約10兆円）。とくに、震度７の激震が神戸市内の人口密集域を襲い、「震災の帯」と呼ばれる被害集中域が生じました。

淡路島の北淡町から一宮町（当時の町名）にかけては、野島断層と呼ばれる断層がすでに知られていました。この地震では、野島断層に沿って約11キロメートルにわたって地震断層が出現しました（**図2‐3、2‐4**）。地震断層は右横ずれ主体ですが、南東側が隆起する縦ずれもともないました（最大右横ずれ量２・５メートル、縦ずれ量１・２メートル）。

北淡町小倉では地震断層の真横にあった住宅でフェンスが横ずれしましたが、地震動による損壊はありませんでした。地震断層上で必ずしも地震動が最大になるわけではなく、基礎の地盤条件が重要であることを象徴しています。この住宅は野島断層保存館の一部（メモリアルハウス）として現在も見学可能です。

明石海峡直下から始まった断層のずれ（破壊）は、野島断層だけではなく、神戸側にも拡がりました。しかし、神戸市内では明瞭な地震断層は確認されませんでした。地震波や地殻変動の解析から、神戸側では、六甲断層帯（須磨・会下山《えげやま》・五助橋断層など）の深部で最大１メートル程度のずれが生じたと推定されています。ただし、地表にまではずれがおよばなかったとみられます。震災の帯は、神戸市街直下からの地震波と六甲山側で反射してきた地震波との干渉（増幅）

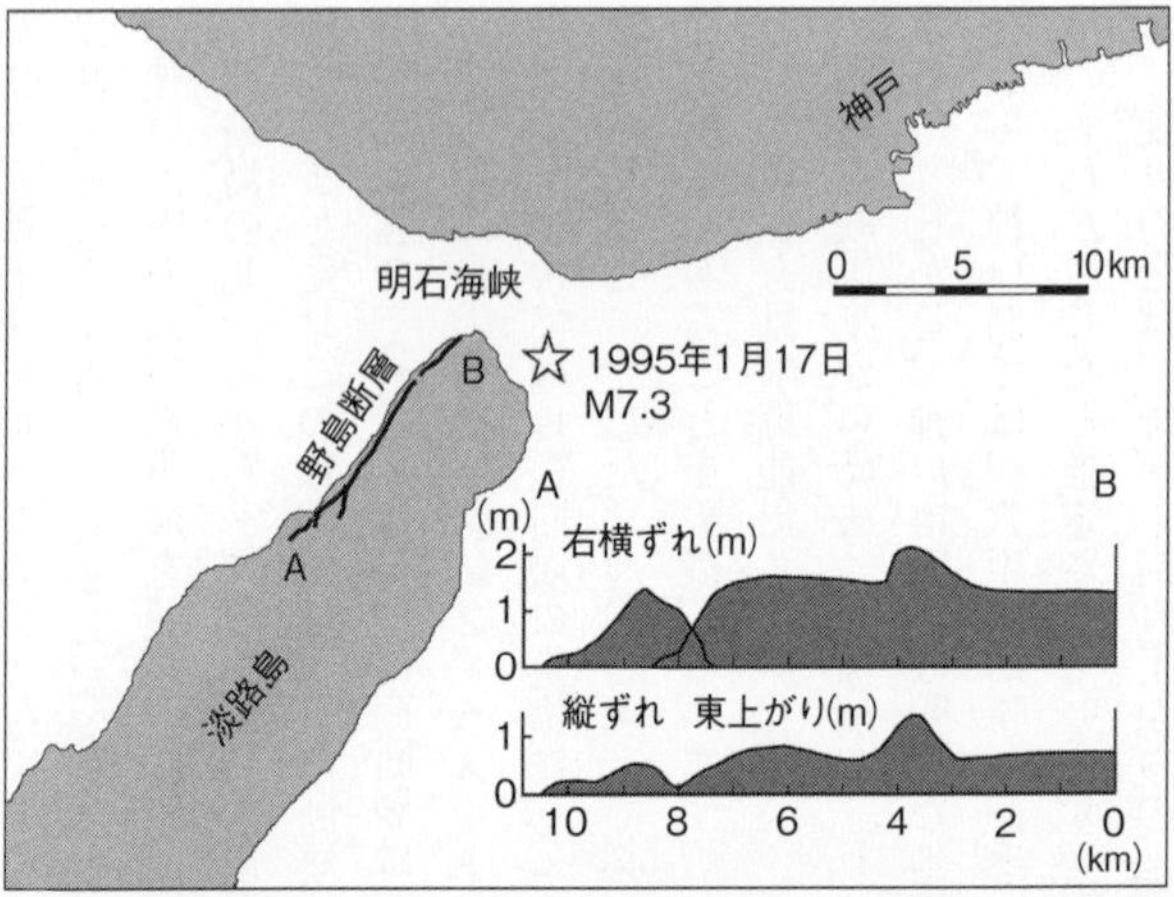

図2-3　1995年の兵庫県南部地震で淡路島北部に出現した地震断層と変位量の分布（栗田ほか、1998に加筆）

図2-4　1995年の兵庫県南部地震で野島断層沿いに出現した地震断層　水田の畦が斜めにずれている（a–a'、右横ずれ約2.2m、上下ずれ約1.3m）。

図2-5　2008年6月14日に発生した岩手・宮城内陸地震の震源域と地震断層の分布
（遠田ほか、2010を改変）

によるもので、活断層の動きとの直接的な因果関係はないことがわかっています。

●平成20年岩手・宮城内陸地震

2008年（平成20年）6月14日に発生した岩手・宮城内陸地震（M7・2）では、岩手県と宮城県の県境の栗駒山山麓を強い揺れが襲い、岩手県奥州市、宮城県栗原市で最大震度6強を記録しました。震源断層は、おおむね南北方向で、西傾斜の長さ約40キロメートルの逆断層と推定されています（**図2-5**）。東北地方が東西方向に圧縮されていることを示しています。

付近には北上低地西縁断層帯と呼ばれる断層が密集した地域があります。震源はこの地域から南にはずれたところに位置し、これまで大きな活断層は見つかっていませんでした。

地震断層が現れたのは、震央から東側にずれた地域で、その多くは西北西－東南東方向に圧縮する力が働いた逆断層によるものでした。地震波や測地解析から推定された震源断層の状況とも一致しました。地震断層沿いの高さのずれ（上下変位量）は最大0・5メートルでしたが（**図2－6**ⓐ）、南端部の宮城県栗原市荒砥沢《あらとざわ》周辺では東西800メートルにわたって数メートルもの変位を示す地震断層が現れました。局所的に右横ずれ最大8メートル、上下最大4メートルの変位が観察されました（**図2－6**ⓑ）。これだけ局所的に大きくずれるのは、きわめて異例です。

これらの地震断層では、その後掘削調査が実施され、過去数万年の間に複数回動いてきたことが確認されています。見落としていた活断層が引き起こした地震だったのです。

●平成23年福島県浜通りの地震

同地震は、2011年（平成23年）4月11日に発生した、いわき市直下を震源とするM7・0の内陸地震です。同年3月11日に発生した東北地方太平洋沖地震（M9・0）の誘発地震のひとつとされています。

この地震にともなって、すでに図示されていた湯ノ岳断層と井戸沢《いとざわ》断層に沿って、それぞれ長さ約15キロメートルの正断層型の地震断層が出現しました。湯ノ岳断層で最大約0・9メート

図2-6　岩手・宮城内陸地震で出現した地震断層　(a) 田植え直後に断層が出現したため、沈降側に水が集まり、隆起側は干上がった。(b) 約4m隆起した新鮮な地震断層崖

ル、井戸沢断層で最大約2・1メートルの上下変位が観察されました。断層の出現によって、県道の一時通行止めや住宅被害も生じました（図2-7）。

正断層型の顕著な地震断層は、国内観測史上初のできごとでした。この2つの断層を含め、福島県浜通り地域に分布する活断層は、新第三紀（約2300万〜260万年前）に発達した正断層が第四紀後期（約100万年前以降）になって再び活動したものとみられています。人工衛星からの観測によって、地表の踏査では発見できなかった短い地震断層も多数検出されています。

地震断層とマグニチュードの関係

地震断層を調査する理由のひとつは、地下に続く震源断層の規模や方向・傾斜などが直接確かめられることです。現在のように、地震観測や衛星による地殻変動解析技術が発達していなかった時代は、地震断層の分布が震源断層推定の唯一の手がかりでした。現在もその重要性に変わりはありません。

もうひとつの重要な点は、データを蓄積することによって、活断層から発生する地震の規模予測への手がかりになることです。すでに説明したように、地震の規模マグニチュードは震源断層の長さとずれの量に比例します。地震断層は震源断層が地表に露出したものなので、少なくとも断層の長さ、ずれ量を直接計測することができます。

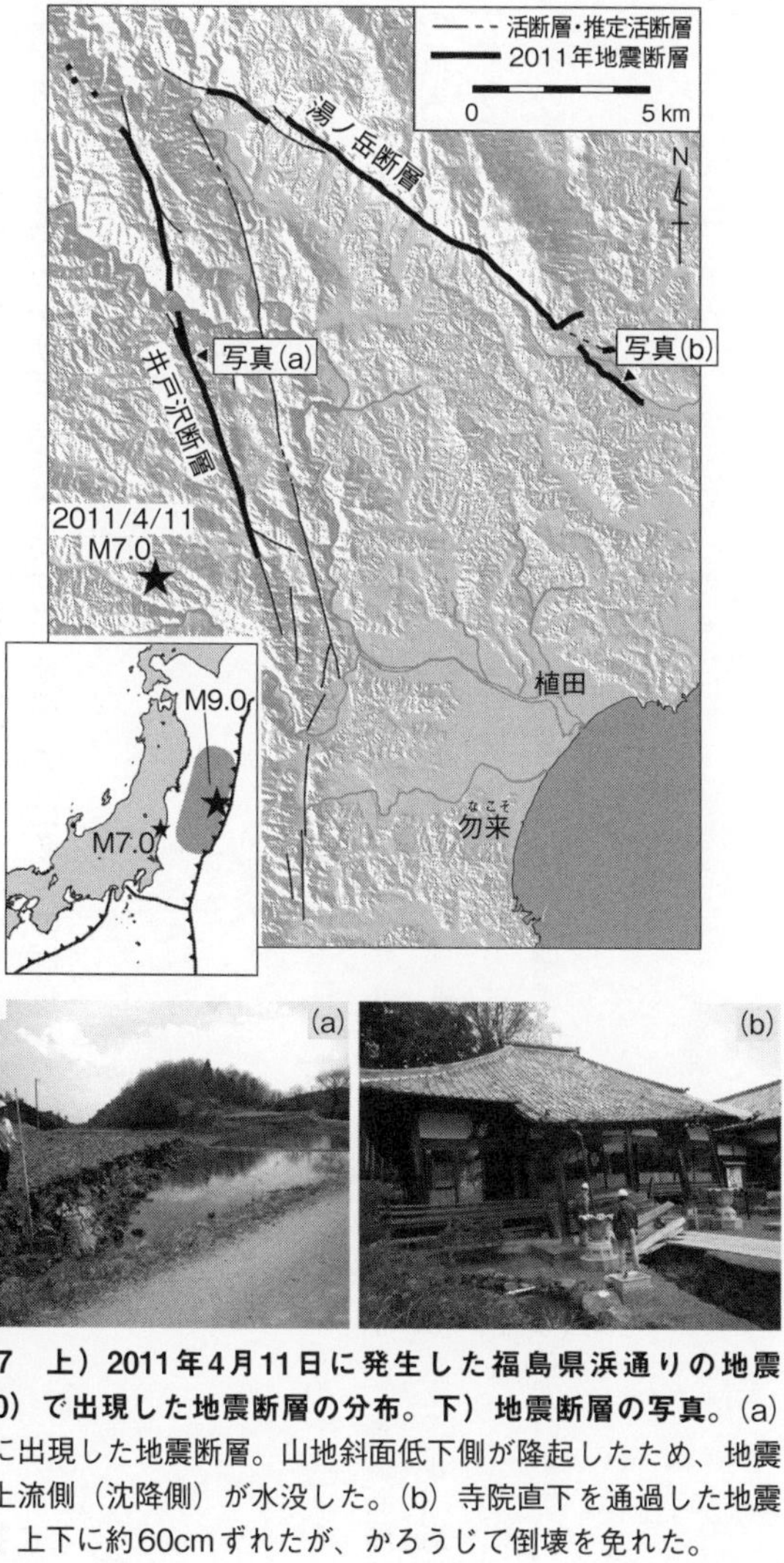

図2-7　上）2011年4月11日に発生した福島県浜通りの地震（M7.0）で出現した地震断層の分布。下）地震断層の写真。(a) 水田に出現した地震断層。山地斜面低下側が隆起したため、地震後に上流側（沈降側）が水没した。(b) 寺院直下を通過した地震断層。上下に約60cmずれたが、かろうじて倒壊を免れた。

１９７０年代には、当時までのデータセットを使って関係性が求められ、断層の長さＬ（キロメートル）とＭ（マグニチュード）、最大のずれ量Ｄ（メートル）とＭにそれぞれ次のような関係があることがわかりました（ただし、地震ごとに多少のばらつきはあります）。

$$\log L = 0.6 M - 2.9$$

$$\log D = 0.6 M - 4.0$$

logは常用対数を表します。Ｍ６・５で断層の長さが10キロメートル、Ｍ７・０で20キロメートル、Ｍ７・５で40キロメートル、Ｍ８・０で80キロメートルという具合です。また、地震断層の最大変位量（ずれの大きさ）は、Ｍ６・５で０・８メートル、Ｍ７・０で１・６メートル、Ｍ７・５で３・２メートル、Ｍ８・０で６・３メートルとなります。

その後もデータが加えられていますが、おおむねこの関係式に沿うことが確められています。

コラム

野帳からアプリへ

私が大学生・大学院生の頃、地質調査で携帯する調査道具は、ハンマー、クリノメーター（地層の走向傾斜を測るコンパス）、ルーペ、メジャー、ハンドレベル（水平を測る水準器）、地図、フィールドノート（野帳）でした。道路の切り割り露頭や、海岸や沢で岩石を叩き、岩種を調べ、地層の延びている方向や傾斜を測ります。それを紙の地図に鉛筆と色鉛筆で記録したものでした。

山中では、沢や尾根の形状を頼りに、悩みながら位置を記していきました（後に高度計を使うようになりますが）。その後、日中の調査でへとへとに疲れながらも、宿に帰ると「墨入れ」という作業が待っていました。墨入れとは、フィールドノートの鉛筆書きをなぞり、野外で使った汚れた地図から、宿に置いてある綺麗な地図にデータを書き写す作業をいいます。こうして、卒論・修論の地質図を完成させていったのでした。

ところが、今では何をするにもデジタルです。私も10年ほど前から携帯用ＧＰＳデバイスで調査位置を記録するようになりました。最近はスマートフォン（スマホ）の優秀なアプリが多数用意されています。位置の記録、行程ログだけではなく、国土地理院の地形図や空中写真上に位置情報を常に表示できます（**図２-８**）。携帯の電波圏外地域も少なくなり、今は山中で迷うこともありません（そのため、今ではすっかり方向音痴です）。さらに、災害時に

図2-8　スマホアプリの画面の一例　ピンマークが断層を確認した位置、カメラマークが写真撮影の位置を表している。

は最新の空中写真なども参照可能です。現場ではグーグルアースも利用できます。しまいには、自分自身で地質調査をしながら、産業技術総合研究所地質調査総合センターのシームレス地質図を比較・参照することもできます。

現地調査の記載もフィールドノートではなく、スマホアプリそのものに打ち込んだり、ボイスメモをとる機会も増えました。音声入力・文字変換の精度も上がりました。泥や汗で汚れた手でペンを握る必要もありません。また、（学生には大きな声では言えませんが）現在のスマホはコンパスも内蔵しているので、地層の方向と傾斜もアプリで計測できます。スマホのカメラの写真画質が上がっているので、時に踏査の邪魔になる一眼レフカメラも不要になりつつあります。むしろスマホ写真のほうが位置情報を記録してくれてデータ整理には便利です。

地震直後の断層調査でもスマホが大活躍します。余震分布、干渉合成開口レーダー（InSAR）解析データなどの最新データや解析結果を見ながら、地震断層調査を行えるようになりました。とくに、InSARでは縞模様の不連続が断層のずれを表しています。20〜30センチメートル以下の小さな断層変位は、現場をくまなく歩くよりも、解析画像を手がかりに調査に向かうほうが効率が良いのです。しかも、2014年に陸域観測技術衛星「だいち2号」が打ち上がってからは、大地震の3、4日後には解析結果が公表されるようになりました。その他にも、地震直後に国土地理院やグーグル、各航測会社から提供される空中写真からも、地震断層が識別できる場合も多くなりました。

調査データもデジタルなので、研究者間で手軽に情報交換や共有が可能です。熊本地震では、15大学20名以上の研究者で分担して断層調査を行いましたが、データは毎日グーグルアース用のファイルにまとめられ共有されました。

このように、アナログからデジタルへの移行を自ら経験して、調査効率の向上をあらためて実感しています。しかし、いくら衛星や空撮で断層を推定できても、最終的には肉眼で確かめなければなりません。汗をかきかき、山々を地道に歩くことに変化はありません。肉体労働は続きます。

第3章

活断層はどこまで解明されたか

写真／糸魚川−静岡構造線活断層帯の中央に位置する諏訪湖。横ずれ運動にともなう陥没盆地。その向こうは牛伏寺断層が通過する松本市。

活断層とは何か

日本列島で推定・確認された活断層は2000以上におよびます（図3－1）。もちろん、後ほど説明しますが、活断層の数え方は単純ではないので、2000という数字はあくまで目安です。

では、そもそも活断層とはどのように定義されるものなのでしょうか。

「活断層」の意味は、用いられる専門分野や目的によって異なります。

活断層研究のバイブルともいえる『新編 日本の活断層』によると、「最近の地質時代にくりかえし活動し、将来も活動することが推定される断層を、活断層という」とされています。さらに、この「最近の地質時代」について、「近い過去とは一口にいっても、それを何万年前まで遡らせるべきであるかは、研究者によって多少の相違がある。約50万年前、約100万年前などの意見もあるが、本書では、地質年代の区切りである第四紀、つまり約200万年前から現在までの間に、動いたとみなされる断層を、活断層として扱った」としています。

一方で、実用的かつ工学的立場からの定義もあります。原子力発電所の立地に関わる基準「発電用原子炉施設に関する耐震設計審査指針」では、活断層の定義は過去12万～13万年の間に活動した痕跡があるもの、とされています。1981～2006年まで用いられた旧指針「発電用原子炉施設に関する耐震設計審査指針」では、過去5万年の間に活動した痕跡があるものとされて

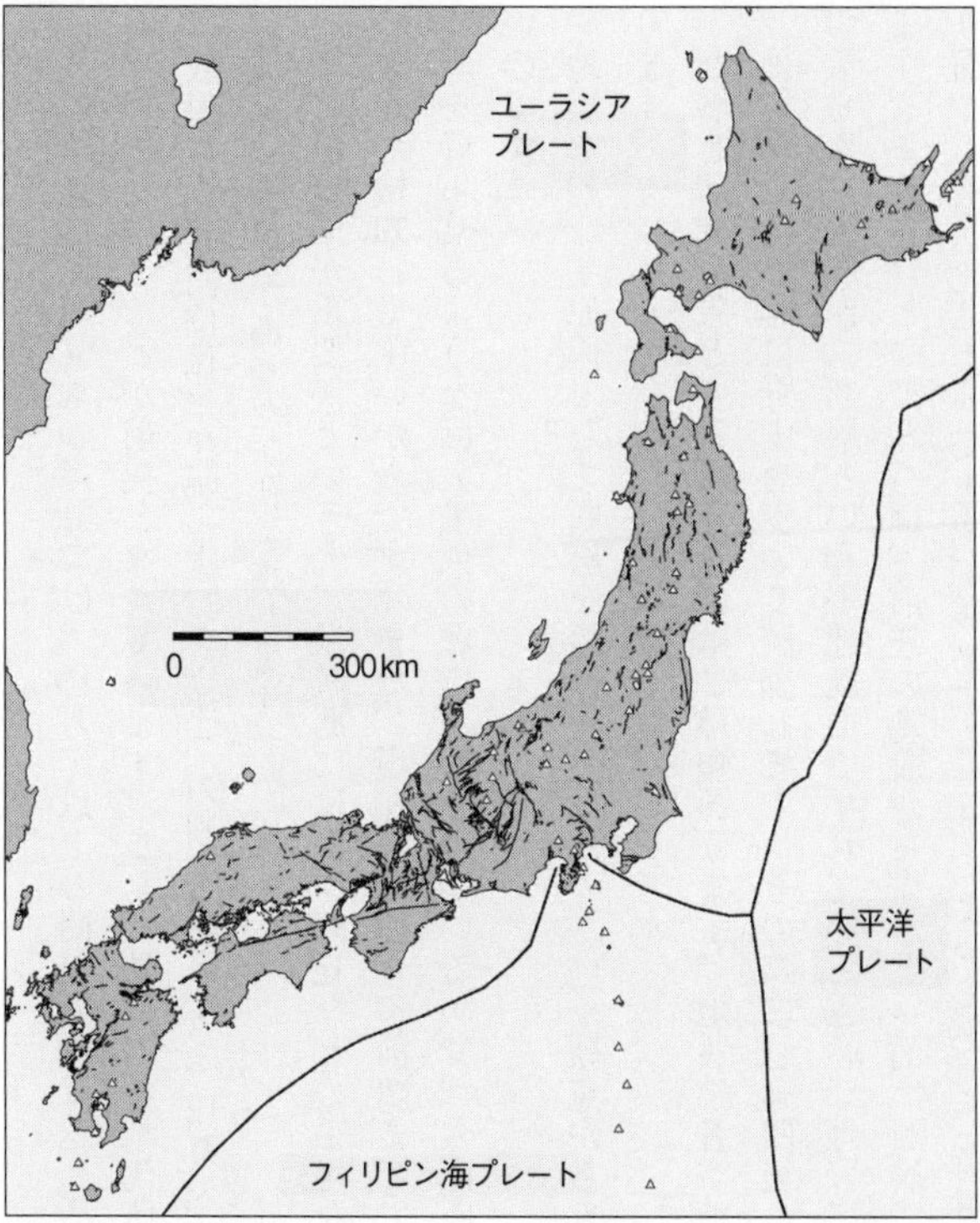

図3-1　日本列島の陸域における活断層の分布（活断層研究会編、1991）

いました。

このように原発立地の指針では、10万年以上の間隔で繰り返し活動してきた断層は見出されていない、ということが前提となっています。また、具体的な年代値である「5万年」という数字は放射性炭素同位体年代測定法（^{14}C法）の測定限界で、「12万〜13万年」は現在と同じ温暖期（最終間氷期）があった年代を指します。

なぜ温暖期が重要かというと、温暖期には海岸段丘などの平坦な地形が広く生じやすく、地面の隆起が検知しやすいからです。また、現在から13万年前頃までであれば、日本列島の広域に火山灰を降らせるような巨大噴火の歴史がわかっているので、火山灰層を使って年代を特定しやすいのです。

地震を起こす原因として断層を扱うかどうか、という観点からも「活断層」の意味合いが異なります。

断層を研究対象とする研究者には3種類あります。地質学者、地震学者、地形学者です。

地質学者はおもに野山を歩いて調査します。その際に、第四紀（260万年前から現在まで）の柔らかい地層が、断層という不連続面でずれている露頭（地表に露出している部分）に遭遇します。これらひとつひとつは、前述の定義からすると「活」断層です。しかし、実際には地すべり面や、液状化によって土塊が移動することによって生じた断層、地下に続かない表層の現象

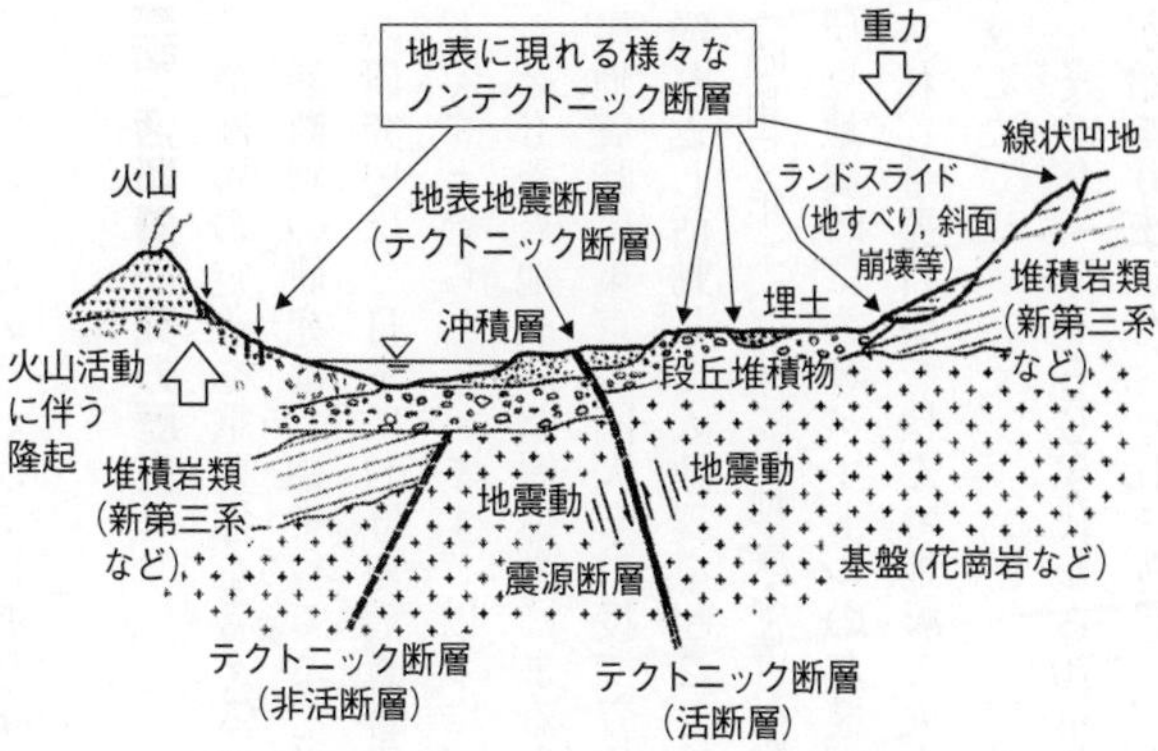

図3-2　ノンテクトニック断層とテクトニック断層の形成場のイメージ（横田ほか『ノンテクトニック断層』近未来社刊、2015より）

（根無し断層という）なども多いのです。断層として大小のずれをともないますが、必ずしも地下数キロメートルまで延びて地震を起こすわけでありません。このような地震の発生に直接関係しない断層を、ノンテクトニック断層ともいいます（**図3-2**）。

一方で、地震学者の多くは「活断層」というと、大地震の原因となり、地表から地下数キロメートル〜20キロメートルまで連続すると考えます。地表の活断層は地下の震源断層の原因ではなく結果だと主張する地震学者もいます。

また、地形学者による変動地形解析は、露頭よりもスケールが大きく、地震学者の視点と似ています。しかし、断層を地震の原因としてではなく、地形発達の原動力のひとつと捉える研究者が多いのも事実です。活断層研究者が、すべて内陸地震の研究をしているというわけではありません。

活断層研究の歴史

活断層の定義や重要性を考えるには、研究の歴史を振り返る必要がありそうです。

活断層の研究は、始まってまだ半世紀ほどしか経っていません。歴史の浅い研究分野です。その研究史は、日本における活断層研究の第一人者である松田時彦先生(東大名誉教授)により詳しくまとめられています。以下に、松田先生の論文をもとに要約して紹介します。

そもそも地震が断層運動によるものであるという断層地震説は、1891年(明治24年)の濃尾地震時に東京帝国大学教授で資質学者の小藤《ことう》文次郎により提唱されました。しかし、活断層が繰り返し活動して大地震を起こしてきたという事実の確認には、約40年後に発生した1930年(昭和5年)の北伊豆地震を待たなければなりませんでした。同地震を起こした丹那断層は、北伊豆地震時に約3メートルの左横ずれを起こしましたが、その後の調査で第四紀にずれが繰り返され、丹那断層を挟んで地層(火山岩)が約1000メートルも左横ずれしていることがわかりました。

その後、1960年代から70年代にかけて、日本の地震予知計画と原子力発電所の建設・稼働が始まりました。それを背景に、活断層研究の社会的重要性が高まり、1980年には『日本の活断層――分布図と資料』の出版に至りました。本書で何度も引用する『新編 日本の活断層――分布図と資料』は、これの大幅改訂版です。

これを学術的に後押ししたのが、空中写真の利用と^{14}C年代測定法の普及でした。この間は、活断層発見の時代ともいえそうです。その中には、岐阜県と長野県にまたがる阿寺《あてら》断層、関東から九州まで西南日本を縦断する中央構造線など、複数の横ずれ断層が発見されました。それまでは、意外にも「横ずれ断層」は教科書にも辞典にも載っていなかったとのことです。また、この頃、地震防災上の要請もあり、活断層から発生する地震規模の推定が行われるようになりました。前述したように、地震断層の長さとマグニチュードが比例することを利用したものです。

1980年代から90年代前半には、米国からトレンチ調査法が輸入され、各地で掘削調査が行われました。トレンチ調査とは、断層に直交する数メートルの深さの溝（トレンチ）を掘って地層を露出させ、過去の断層の動きを読み解くものです。その後、大学や地質調査所、電力中央研究所などによって、1994年までに約40断層50地点以上でトレンチ調査が行われ、活断層の具体的な活動史が明らかになりました。活断層の掘削・活動史解明の時代といえます。

1980年代には、トレンチ調査法とともに、「固有地震説」も日本に浸透しました。固有地震説とは、断層の活動に対して、地震規模も活動間隔も断層ごとにいつもほぼ一定である（固有である）というモデルです。単純なモデルですが、トレンチ調査で得られた活動史のデータを利用して地震危険度の判断に用いられました。その結果、近い将来大地震を起こす「要注意断層」の抽出や、地震危険度図などの試作が初めて行われました。

1995年1月17日に起こった兵庫県南部地震（阪神・淡路大震災）は、まさに要注意断層のひとつが引き起こした内陸地震でした。これにより、活断層研究の重要性が証明され、社会的にも活断層という地学用語が広く普及することになりました。

この地震をきっかけに総理府内に地震調査研究推進本部が設置され（現在は文部科学省）、主要約100の活断層を中心に精力的な調査が開始されました。その後、現在までの20年間に数百ヵ所でトレンチ掘削調査が行われ、活動史に基づいた地震発生確率の算定が実施されました。

これらの成果は、2005年以降、全国的な地震ハザードマップとして公開され、地震防災・減災に役立てる試みが続いています。一方で、内陸被害地震が主要活断層以外で頻繁に発生するため、メディアでは「未知の活断層が動いた」という論調も続きました。『活断層詳細デジタルマップ』『都市圏活断層図』など、新たな活断層マップも出版され続けています。1990年代後半以降は、活断層地震の確率評価、分布の再検討の時代ともいえそうです。

活断層を探す

第2章で説明した地震断層は1回の地震によって生じたものです。この地震断層の動きが数万

〜数十万年にわたって何度も繰り返されると、ずれが蓄積して、数メートルから数百メートルもの高さをもつ崖や谷地形を作ります。その結果、盆地と山地、平野と山地といった大きな地形の形成にまで至る場合もあります。このような断層運動によって生じたさまざまな地形を「断層変位地形」といいます（図3-3）。つまり、この断層変位地形を見出すことによって、内陸地震の震源である活断層を発見することができるのです。

断層変位地形を探すにあたっては、通常の河川などの侵食・堆積作用や、地すべりなどの重力作用で説明ができない地形を見出すことから始まります。

断層変位地形の典型は崖地形です。地表面が断層によって切断され、上下に食い違いを生じた崖を「断層崖《だんそうがい》」と呼び、地表面のたわみによる崖を「撓曲崖《とうきょくがい》」といいます。上下の比高差が大きいものを単に断層崖、10メートル程度以下のものを「低断層崖」として区別することもあります。また、大規模な尾根部に生じた断層崖斜面は三角形の形をしていることが多く、「三角末端面」と呼ばれます。

崖はさまざまな成因で生じます。そのため、崖地形だけで断層と断定しにくい場合があります。とくに連続する崖は、河川による侵食でも生じます。側方侵食と言われる河川作用です。この場合の崖は、「侵食崖」といいます。ただし、侵食崖は現在の河川と並走する場合が多いので す。現在の河川と斜交する場合に、断層崖の可能性が高くなります。

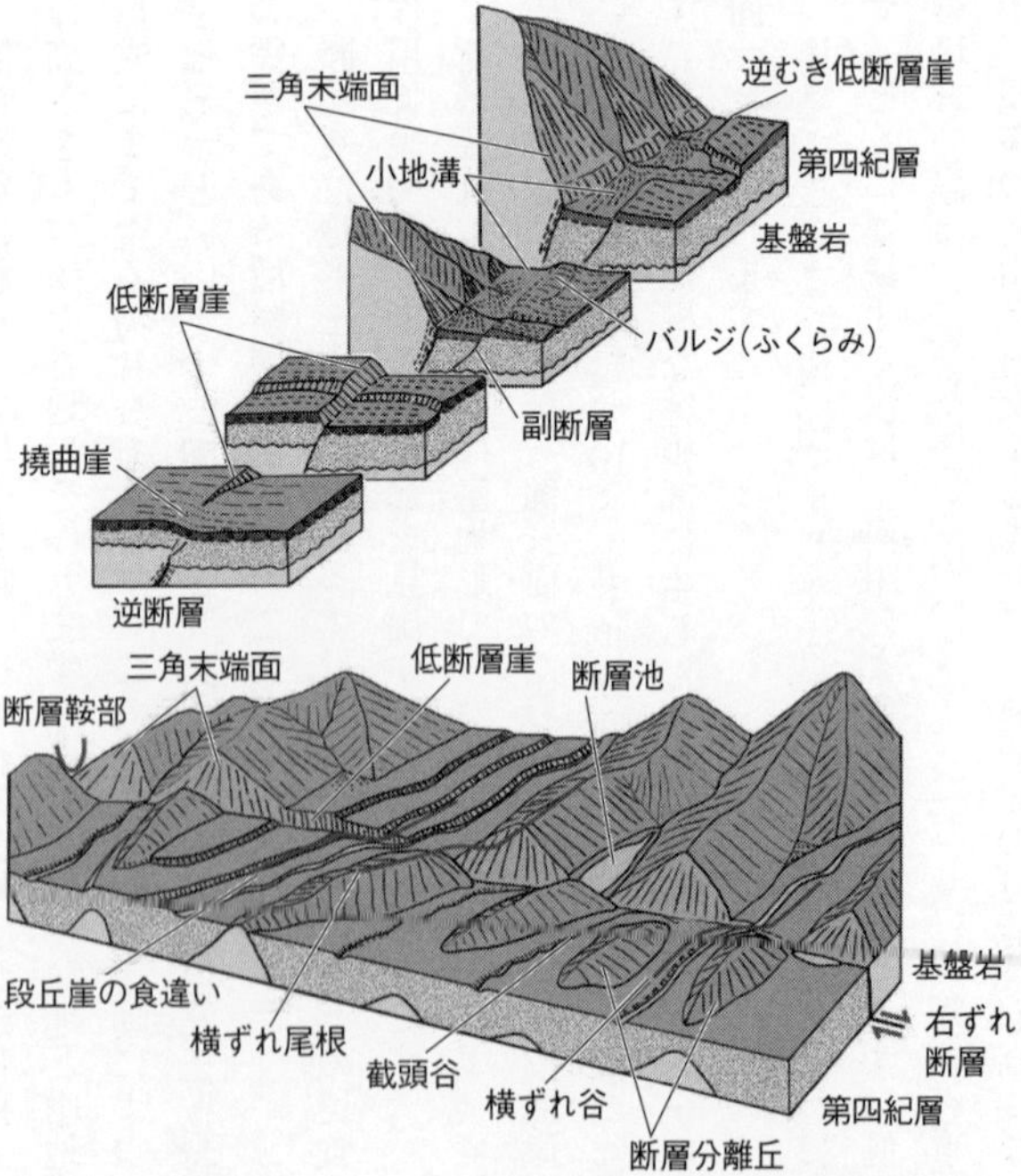

図3-3　断層変位地形　上）逆断層　下）横ずれ断層にともなう特徴的な変位地形。（『新編 日本の活断層』（活断層研究会、1991）に加筆）

通常は断層運動によって山地側の隆起が増幅される場合が多く、断層崖は低地側を向きます。しかし、横ずれ運動などによって局所的に低地側が隆起すると、断層崖は山側を向きます。そのような低断層崖を「逆向き低断層崖」と呼びます。逆向き低断層崖は、通常の堆積・侵食作用に反した傾斜の向きを示すため、活断層抽出のわかりやすい手がかりとなります。

断層運動によって生じた直線状の谷を「断層谷」といいます。断層面を介して岩盤が擦れあって破壊されると、断層沿いは脆くなります。これを「断層破砕帯」といいます。また、断層面には磨耗が起こり、粘土サイズの細かな物質が集積し、さらに柔らかくなります（断層粘土や断層ガウジといいます）。これらは侵食に弱いため、断層に沿って谷が生じやすいのです。

活断層沿いの断層谷は侵食だけで生じるわけではありません。断層そのものの動きによっても生じます。とくに、2本以上の断層が並走すると陥没が生じます。「断層凹地」「サグポンド」「断層池」などと呼ばれます。数十センチメートルから数メートル程度の小規模なものは「開口割れ目（フィジャー）」と呼ばれ、たった一度の地震で生じることがあります（**図2-2**ⓐ）。大規模なものは「地溝」となります。たとえば、長野県にある諏訪湖低地は、糸魚川-静岡構造線の横ずれ断層運動によって生じた大規模な陥没盆地です。北西-南東に延びる長さ約15キロメートル、幅6キロメートルほどの目のような形をしていて、そのなかに瞳のように諏訪湖が位置しています（章扉写真）。

また、断層谷のように明瞭ではなくても、断層が尾根を横切る場合、馬の鞍のような地形が生じることがあります。これを「断層鞍部《あんぶ》」といい、横ずれ断層の場合、この鞍部を境に尾根が食い違っている場合もあります。

断層運動によって逆に凸状の地形も生じます。多くの場合、断層に平行に引き延ばされた細長い隆起部となり、両側や片側が断層で切られています。これらを「地塁《ちるい》」や「テクトニックバルジ」と呼んでいます。断層に沿って地層が絞り上げられて隆起したことが明確な場合、「プレッシャーリッジ（圧縮尾根）」ということもあります。

逆断層や正断層といった縦ずれ断層の場合は、断層崖などの崖地形が主体となりますが、横ずれ断層の場合は、断層を横切る河川、谷、尾根、段丘などがずれたり屈曲したりします。また、横ずれによって複数の小さな河川が切断され、横にずれるだけではなく、断層よりも上流が下流側の別の川につながることもあります。河川の一部を奪い合うという意味で、「河川争奪」といいます。川の上流がなくなることもあります。さらに、断層によって横ずれした尾根の先端が河川を塞ぐこともあります。これを「閉塞丘」といいます。

重要な点は、このような個々の横ずれ地形が1ヵ所だけではなく、連続して認められることです。推定される断層沿いに同じずれのセンス（右横ずれか左横ずれ）が系統的に見られることによって、活断層の確度が高まります。

活断層を探すためには、このような断層変位地形に注目することになります。そのために、地形図の情報だけではなく、空中写真判読を行います。空中写真判読とは、撮影位置を少しずらした2枚の空中写真を用いて地形を立体的に認識し（立体視という）、断層地形を抽出し断層の位置を推定することです。

なお、活断層研究者の間でも、このような空中写真によって判読した活断層を「認定」したという表現を使います。しかし実際は、この段階では仮説に過ぎません。本来は「認定」ではなく「推定」とするのが適切で、その後現地で詳細な地形・地質調査を行って、その存在や活動を確かめる、もしくは確度を上げることが重要です。

近年では、空中写真判読だけではなく、航空レーザー測量による精細地形解析を行うことが多くなってきました。航空レーザー測量とは、セスナ機やヘリコプターから発射され、地上から反射して戻ってきた膨大なレーザーパルスによって、高密度で高精細な三次元地形デジタルデータを取得する測量技術です。樹木や構造物に覆われた場所でも、それらを通過して戻ってきたレーザーによって地表面の計測が可能です。従来の空中写真判読では検出できなかった山間部や都市部での断層が、新たに発見されるようになってきました。

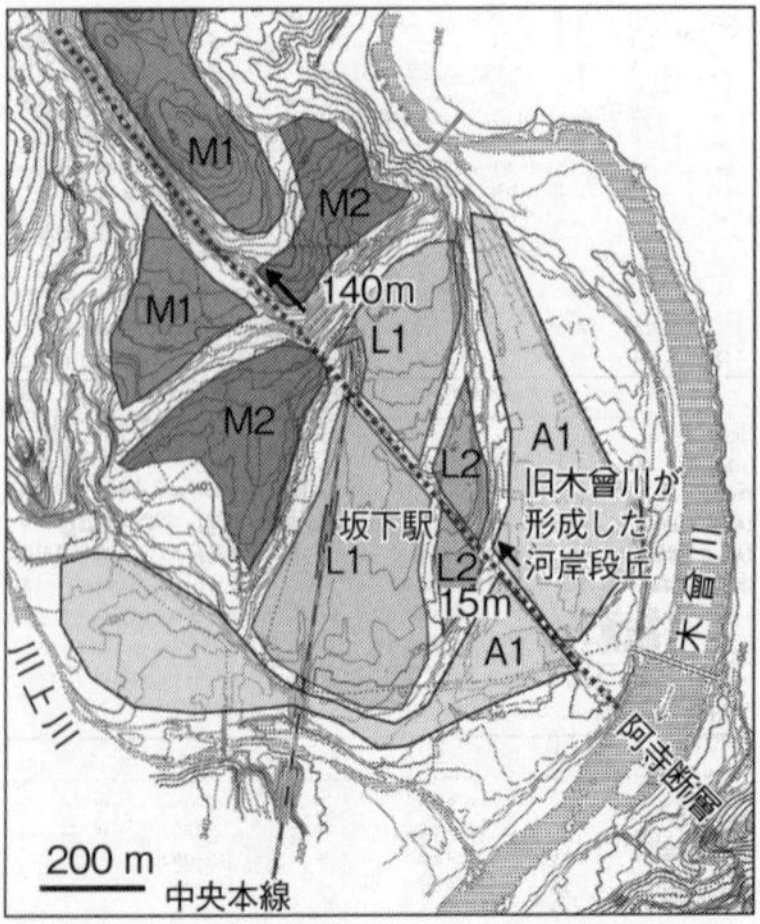

図3-4　阿寺断層によって累積変位を受けた木曽川沿いの河岸段丘（佃ほか、1993に加筆）

活断層をランク付けする

活断層にもそれぞれ個性があります。とくに、ずれる動きの活発さを表す「活動度」は、地震の危険度評価に直接関係します。活動度は「変位速度」という指標で示されます。

活断層の定義は、第四紀、もしくは最近数万〜数十万年の間に繰り返し活動した痕跡があるかどうかでした。定義は多少異なっても、地層や地形面のずれ（変位）が累積しているかどうかが、活断層かどうかの鍵となります。

図3-3に示すように、断層を横切る尾根、谷、段丘崖など、ずれを測る基準となる地形を「変位基準」といいます。この変位基準のずれ量を測り、その年代

がわかれば、その断層が平均的にどのくらいの速さでずれ動いてきたかがわかります。このずれ動く速度を平均変位速度といいます。平均変位速度＝ずれ量÷年代、で計算できます。

具体例を示しましょう。**図3-4**は、岐阜県と長野県にまたがる阿寺断層によって左横ずれした木曽川の河岸段丘です。河岸段丘は、土地の隆起もしくは海面低下によって河川が徐々に深く刻み込まれ、氾濫原（河原）が取り残されることによって形成されます。そのため、形成年代が古いものほど高い位置にあります。過去の河原は段丘面となり、段丘面を作る際に新たに侵食された崖は段丘崖（侵食崖）となります。

図3-4では、時代の異なる複数の段丘面にそれぞれ記号を振っています。これを見ると、これらの段丘面と段丘崖が、阿寺断層によって左横ずれしています。しかも、高い段丘面（古い段丘面）ほど横ずれの量が大きいことがわかります。これは、古い段丘ほど多くの地震を経験しているからです。これが「変位の累積」です。

たとえば図を見ると、Ｍ２という段丘面は約１４０メートルずれています。Ｍ２面は約５万年前に形成されたと推定されています。そのため、平均変位速度は１４０メートル÷５万年＝２・８ミリメートル／年となります。同じように、最も新しい約６０００年前に形成されたＡ１面は15メートルずれているので、15メートル÷６０００年＝２・５ミリメートル／年となります。多少のばらつきもありますが、阿寺断層は約３ミリメートル／年の平均変位速度で着実に動いてき

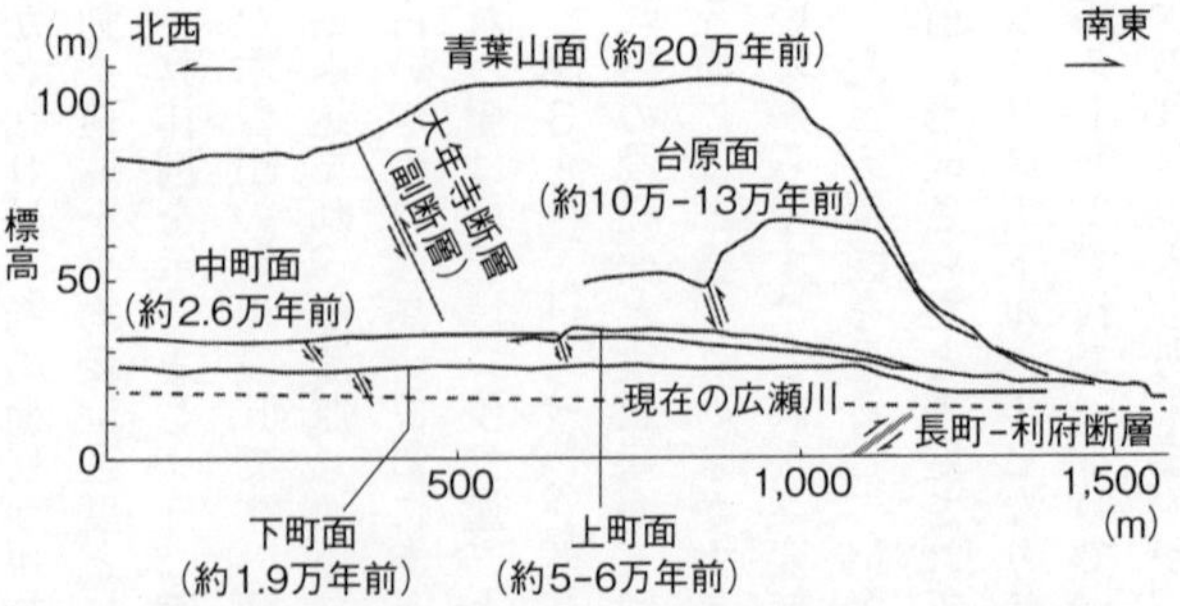

図3-5　長町－利府断層帯によって変位が累積した河岸段丘の東西断面（中田高ほか、1976に加筆）

たことがわかります。

次に逆断層の例を示します。図3－5は仙台市直下を横切る長町－利府断層によって隆起した河岸段丘の標高を示しています。長町－利府断層は北東－南西走向で西側に傾斜する逆断層です。2011年に津波被害を受けた仙台平野を低下させ、北西の青葉山側を隆起させてきました。

断層の北西側（隆起側）には、広瀬川によって形成された複数の河岸段丘が残されています。たとえば、私が勤務する東北大学青葉山キャンパスがある青葉山段丘は、約20万年前に形成されたと推定されています。青葉山段丘は現在標高約100～130メートルの高さにあります（以下100メートルと単純化）。逆に若い仙台市内中心部の上町段丘（6万年前）は約30メートルの高さにあります。したがって、長町－利府断層による青葉山段丘の隆起速度は100メートル÷20万年、上町段丘の隆起速度は30メートル÷6万年で、ともにおおよそ0・5ミリメートル／年となります。阿寺断層よりも少し動きが遅いことがわかります。

このように、平均変位速度によって活断層の活動を定量的に表すことができます。日本の活断層は、この平均変位速度によって以下の３つのクラスに分けられています。

A級活断層　1ミリメートル／年以上、10ミリメートル／年未満
B級活断層　0・1ミリメートル／年以上、1ミリメートル／年未満
C級活断層　0・01ミリメートル／年以上、0・1ミリメートル／年未満

この平均変位速度の違いは、活動間隔、すなわち地震頻度の差に直結します。

第1章で説明したように、地震規模Mと断層のずれ（変位）量は比例します。たとえば、M7地震で断層の変位量はおおよそ2メートルです。仮に平均的なA級活断層の変位速度を2ミリメートル／年、B級を0・2ミリメートル／年、C級を0・02ミリメートル／年としましょう。そうすると、活動間隔は、ずれ量2メートル÷平均変位速度なので、A級活断層では1000年に一度、B級では1万年に一度、C級では10万年に一度M7地震を発生させることになります。したがって、平均変位速度が大地震の発生間隔を推定する手がかりになるわけです。

ただ実際は、変位基準の累積変位量はわかっても、その年代がわからない場合がほとんどで

す。年代を推定しておおよその活動度を割り当てたり、「活動度不明」とされる断層が必然的に多くなったりします。

日本の活断層分布

活断層の分布は、前述の『新編 日本の活断層』や『活断層詳細デジタルマップ』などによってまとめられています。

活断層はまんべんなく分布するわけではありません。分布に濃淡があり、全体的にはプレート境界から一定の距離を隔てて内陸側に集中する傾向があります（図3-1）。関東から九州にかけて日本最大級の活断層系、中央構造線がありますが、西南日本ではとくにこの中央構造線よりも海側（地質構造区分として「外帯」と呼ぶ）には活断層はほとんど分布しません。奈良県南部、和歌山県、四国の南半分にあたります。

第四紀（260万年前～現在）には、日本列島はおおむね東西に圧縮されてきました。東から西に向かって沈み込む太平洋プレートの影響によるものです。そのため、その圧縮力に対して動きやすい断層が活動しています。

北海道・東北地方では、日本海溝と平行な南北に延びる逆断層、中部日本では北東-南西方向に走る右横ずれ断層と北西-南東走向の左横ずれ断層、近畿地方とその周辺では横ずれ断層と逆断層が混在します。これらは、第1章の**図1-5**で説明した断層タイプと力のかかり方からも理解できると思います。

逆断層は地下へ向かって緩く傾斜しているものが多いため、地表の分布形状は、地形に影響されます。そのため、一直線ではなく、波状になる場合が多く見られます。また、山地と盆地・平野の境界に位置することが多く、断層が埋もれやすく、断続的になりがちです。活断層図において、東北地方の活断層が波打ち、連続性が悪いのもそのためです。

一方で、横ずれ断層は鉛直な傾斜のものが多く、地表の影響を受けにくいので、分布が比較的直線的になります（**図3-3下**）。中部地方の活断層がやや格子状、メッシュ的な分布を示すのはそのためです。よく見ると、北東-南西方向のものと、北西-南東方向のものが交差していることがわかります。前者は右横ずれ、後者は左横ずれ断層です。共役関係を示します。東西の圧縮に対応して、たすき掛けのように分布します。

一方、フィリピン海プレートの上に乗る伊豆半島は、本州に衝突して南から本州を突き上げています。そのため、南北に圧縮され、北西-南東方向の右横ずれ断層と南北方向の左横ずれ断層が多く発達します。

九州は列島内でも特殊な環境下にあります。別府から島原にかけて地殻が南北方向に引っ張られていて、火山地帯に沿って多くの正断層が発達しています。一帯を別府-島原地溝帯といいます（第6章でまた詳しく述べます）。火山地域に分布する断層は個々には短いのですが、数が多く、密集して分布する傾向があります。

活断層のなかには、第四紀になって新たに生じた断層もあります。しかし、大規模で活動が顕著な活断層は、第四紀より前に誕生した断層がいったん休止した後に再び活動したものです。人間にたとえれば、「古傷が再発した」ともいえます。岩盤を新たに破壊して断層を作るのにはもの凄いエネルギーを消費しますが、すでにある断層を動かすためには、破壊よりも摩擦に打ち勝つエネルギーだけでおおむね事足りるからです。

この断層の再活動で興味深い点は、断層が逆に動く場合もあるということです。これを「反転テクトニクス」といいます。

東北地方では、新第三紀中新世（約2300万〜500万年前）という地質時代に日本海が形成・拡大し、それにともなって地殻が引っ張られ、多くの正断層が形成されました。その正断層が、第四紀になって東西から圧縮されるようになると、その圧縮力を解消するようにこんどは逆断層として動いているのです。平成16年（2004年）新潟県中越地震、平成19年（2007年）能登半島地震、平成19年（2007年）新潟県中越沖地震などは、そのような反転テクトニクスによる地震でした。

中部地方から中国地方の横ずれ断層にも、そのような反転テクトニクスが確認されています。

たとえば、四国から紀伊半島に分布する中央構造線は現在右横ずれ断層ですが、数千万年前以前には左横ずれ断層だったと考えられています。主要な活断層は単純に再活動するわけではなく、むしろ過去とは反対に動いているものが多いようで、興味深いです。

物理探査による断層調査

現在までに確認されている活断層の多くは、地形や地表での地質調査結果に基づいています。しかし、ごく一部ですが、地表からは見つからなかったのに、地下探査によってその存在がわかった活断層もあります。

地表に断層が残らない理由は、断層を隠してしまうような地表での侵食・堆積作用が起きるからです。とくに新しい地層が厚く堆積している平野部や内陸盆地では、断層の平均変位速度よりも地層の堆積速度が上回るため、断層地形が地表に残りません。また、沿岸海域でも海底に潜って調査することはできないので、海底探査は不可欠です（注：**図３-１**では海域の活断層は示していません）。

活断層を探すために物理探査法も用いられます。物理探査法とは、地下の地震波速度、電気抵抗、重力、磁気などを測定し、地下の地質構造や岩盤の特性を把握する方法です。もともとは、資源探査で発達してきた方法です。断層調査の場合も、鉱物資源と同様に、地質構造を推定し断層を探すことが基本です。そのうえで、探査精度が高い場合は、断層の形態、断層に沿う地層の変位（ずれ）、破砕帯の性状や幅などの推定にも使われます。

活断層調査で最も一般に用いられる物理探査法は、反射法地震探査です。反射法地震探査とは、地表から人工的に振動を起こし、その人工地震波が地下から跳ね返ってくる性質を利用して地質構造を調べる手法です。多数の地震計を一直線上に配置させて同時に波形を記録し、重ね合わせる処理などを行って、地震波の速度が急変する面（反射面）の深さと位置を探ります。

反射法地震探査で用いる人工震源はダイナマイトが多いですが、重りを落下させたり、鉄板をハンマーで叩いたり、地表に圧着した鉄板を油圧で振動させる方法もあります。震源によって、探査深度や地質構造を解明する精度が変わります。もちろん、震源のエネルギーが大きいほど地下深くまで探査可能ですが、震源の発震周波数も重要です。一般に高周波数の波は地下浅部（数十〜数百メートル）を精度良く、低周波数の波は地下深部（数百メートル〜数キロメートル）を捉えるのに適しています。

図3-6は、大阪市街地を縦断する上町《うえまち》断層帯を捉えた探査断面です。大阪平野は、地球が数万〜10万年周期で温暖化と寒冷化を繰り返した影響で、海の侵入（海進《かいしん》）と海岸線の後退（海《かい》退《たい》）が交互に起こってきました。海進期では粘土層が、海退期には陸から供給される砂《さ》礫《れき》が交互に堆積しました。大阪平野直下では130万年前頃からそのような状況が繰り返され、最大で約

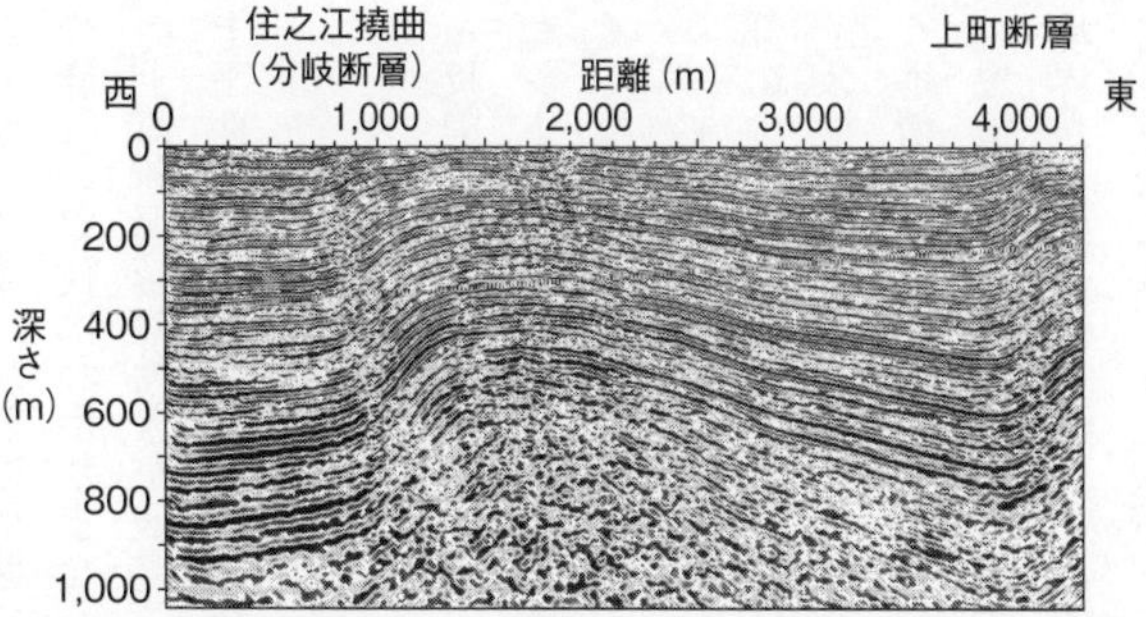

図3-6　大阪市直下を通る上町断層帯の反射法地震探査断面（杉山、1997）

2000メートルもの堆積物が縞状（礫層と粘土層の繰り返し）に堆積しています。これらの地層はひとまとめにして、大阪層群と名付けられています。

砂礫層と粘土層では、地表から送った地震波の反射の程度が違うために、明瞭な水平の縞模様として地層がイメージングされます（実際の地層かどうか不明なので、音響学的層序とも呼ばれます）。**図3-6**では2ヵ所でその横縞の食い違いがわかると思います。これが上町断層帯です。正確には右側が上町断層本体、左側の食い違いが分岐断層です。断層によって明瞭に地層が食い違っているのではなく、大きくたわんでいるのが特徴です。断面の縦横比は2対1なので、実際の断層部分はもう少し緩く傾斜しています。

断層変位地形の説明で、古い地形面ほど多くの地震を経験して大きく変位していると述べました。地層も同様で、古い地層（深い位置にある地層）ほど変位量が大きいことがわかります。反射断面図でもこのように変位の累積が確認されるわけです。探査だけでは地層の詳しい年代はわかりませんが、大阪平野では多数のボーリング調査との組み合わせで、地下での上町断層帯の動きが推定されています。その結果、上町断層帯は約0・4ミリメートル／年の上下変位速度で活動してきたことがわかっています。平均活動間隔が約8000年と推定されているので、地震発生時には約3メートルの縦ずれが生じることになります（0・4ミリメートル／年×8000年）。

反射法地震探査では、地表から地下へ上下に地震波が往復するため、低角度の断層面や物性のコントラストの強い地層が断層で接している場合に有効です。逆に、高角度の断層面は検知しにくくなります。

一般に横ずれ断層は鉛直（角度90度）の傾斜を持つ場合が多いのですが（**図1-5**）、四国東部の中央構造線活断層帯を調査すると、北に30度程度で傾斜するイメージが得られます。地下2～3キロメートルの深さまで、三波川《さんばがわ》変成岩という1億年前前後に生じた岩石に、和泉《いずみ》層群という堆積岩や花崗岩が30度くらいの傾斜で乗り上げています。地形の特徴やトレンチ調査からは、中央構造線活断層帯は右横ずれ断層とわかっています。そのため、探査で推定されるこの物質の境界が、地表から連続する中央構造線活断層帯なのか、それとも探査で検知できていない高角度の断層なのか、まだ決着がついていません。傾斜すると地下での断層の位置が変わるので、地震時の揺れの予測にも影響が生じます。

海域では、海底を直接揺らすのではなく、海中で音波を発します。音波探査といわれていま す。原理は陸上の反射法地震探査と同じですが、数キロヘルツ以上の比較的高周波の音波を使い、海底に堆積した地層の詳細な構造を解明します。

海域での人工震源は、電磁的な振動を使うもの、水中放電によるもの、水を高速放出するウォーターガン、高圧圧縮空気を使うエアガンがあります。順に高周波数から低周波数の震源で、海底下浅部から深部（最大５０００メートル程度）まで探査可能になります。また、順に漁船程度の小型船でできる探査から、大型船による発震機と受信機を取り付けたケーブルを引きながら探査する形になります。

コラム

海溝型地震も同じ活断層なのでは？

本文中でも記したように、地震は断層運動によって生じます。これは、プレート境界であっても、陸域や沿岸域の活断層でも同じことです。したがって、生きている断層で地震を発生させるという意味では、プレート境界も「活」断層といって間違いではありません。

東北地方では、陸側のプレートに対する太平洋プレートが近づく速度（収斂《しゅうれん》速度）は約8センチメートル／年、南海トラフ沿いでのフィリピン海プレートの収斂速度は約6センチメートル／年です。日本付近のプレート収斂速度は、「爪の生える速度よりも速くて、髪の伸びる速度よりも遅い」と説明されます。

これは、本文中で説明した活断層の平均変位速度の定義でいえば、A級活断層を超えています。大学の成績評価ではありませんが、AA級もしくはS級（10ミリメートル／年以上、100ミリメートル／年未満）としてもよいでしょう。平均変位速度が極端に速いので、数十〜200年程度で大地震を繰り返します（ただし、東北地方太平洋沖地震のような連動型超巨大地震は数百〜1000年で繰り返すと推定されています）。

活断層型地震とプレート境界地震の違いは、平均変位速度や繰り返し間隔以外にもあるのでしょうか。

もちろん、違いのひとつは震源の深さです。プレート境界では、内陸地震の深さ限界の15キロメートルを超えて40キロメートルくらいにまで達する場合があります。密度の高い玄武岩から構成される海洋プレートが、さらに海水で冷やされて陸のプレートに沈み込んでいるため、脆性的に破壊される限界深度が陸よりも深くなるためです。これによって断層の幅が大きくなります。

その他、両者の細かな違いはありますが、決定的な違いが2つあります。1つは断層面の性質、もう1つは側方への連続性です。

まず断層面の性質の違いについて述べます。

プレート境界は確かに同じ断層ですが、片側はもともとの海底面です。長期間（数百万～1億年くらい）海底に露出して、柔らかい地層を厚く堆積している場所もありますし、海山など海底火山やその噴出物、海洋プレート内の活断層による凹凸地形もあります。

堆積物も地形の凹凸も、陸側プレートに沈み込む際に一部削られますが、その名残はそのままプレート境界（断層面）に持ち込まれます。また大量の海水も一緒に沈み込みます（のちにマグマの成分になる）。そのため、全般的に摩擦係数が小さい部分が多く、ずるずると滑るところもあるようです。

一方で海山など突起の部分では逆に強度が高くなります。そのため、ふだんは動かないのですが、一度動くと巨大な地震につながるという説もあります（これが東北地方太平洋沖地震の50メートルのずれの原因だという説もあります）。

プレート境界に比べ、陸域の活断層では、基本的に同じような地質の岩盤どうしが接しています。何度も繰り返される断層運動で、断層面は磨耗して粘土（断層粘土）が生じます。また、周辺は破砕帯という粉砕物や多数の亀裂が生じますが、プレート境界ほど弱くはありません。強度が強く、長期にわたって歪みを蓄積するので、地震の際の応力降下量（歪みの解放量）はプレート境界地震よりも高い場合がほとんどです。

2つ目が連続性の違いです。言い換えると、断層の端点があるかどうかです。図3-1に示しているように、プレートの境界には基本的に端がありません。あえて探すと、他のプレート境界と交わる部分が端点です。日本列島の周辺だと、陸のプレート（ユーラシアプレート）、太平洋プレート、フィリピン海プレートが接する房総沖です（三重会合点ともいう）。いずれにしても断層端がないので、地震時に動く断層が有限であっても、周辺域に影響が出やすくなります。

さらに、端点がなく側方に制限がかからないので、断層がスケール則（図1-3）を保ったまま大きく滑ることになります。地震時の変位量も大きくなりがちです（これも東北地方太平洋沖地震での50メートルのずれの一因）。

一方で、活断層には断層端があります。そのため、最低限の「止め」が利くことになり、地震規模や滑りにストップがかかりやすいことになります。

第4章

内陸地震を予測する

写真／2008年岩手・宮城内陸地震を引き起こした活断層。堅い岩盤が砂礫にのし上がる。2008年以前の地震の痕跡も記録する。

地震の大きさと頻度を予測する固有地震モデル

地震の予測としては、いつ起きるのか、起きるとしたらどれくらいの大きさなのか。これが我々の知りたいところです。ここではまず、大きさの予測から説明していきます。活断層から発生する地震規模（マグニチュード）は、どのように予測すればよいのでしょうか。

海溝型地震の場合は、東北地方太平洋沖地震のようなM9レベルの超巨大地震を除き、発生間隔は数十〜200年程度です。そのため予測する地震のマグニチュードは、歴史地震（科学的な観測が始まる前に記録に残された地震）と近年の観測記録に基づいて決められてきました。しかし、活断層の場合は活動間隔が1000年を超えるため、歴史記録・観測記録を用いるわけにはいきません。

活断層研究が興隆する1970年代以前は、内陸大地震の発生頻度を予測するため、中小規模の地震観測記録が用いられてきました。たとえば、M2以上の地震は、M3以上の地震の約10倍発生します（地域によって多少変動します）。つまり、マグニチュード（M）が1小さくなると、そのM以上の地震は約10倍増えるわけです。この単純な法則は、発見者の名前をとって、グーテンベルグ・リヒター則（以下GR則）といわれます。法則といっても、観測に基づいた経験則です。

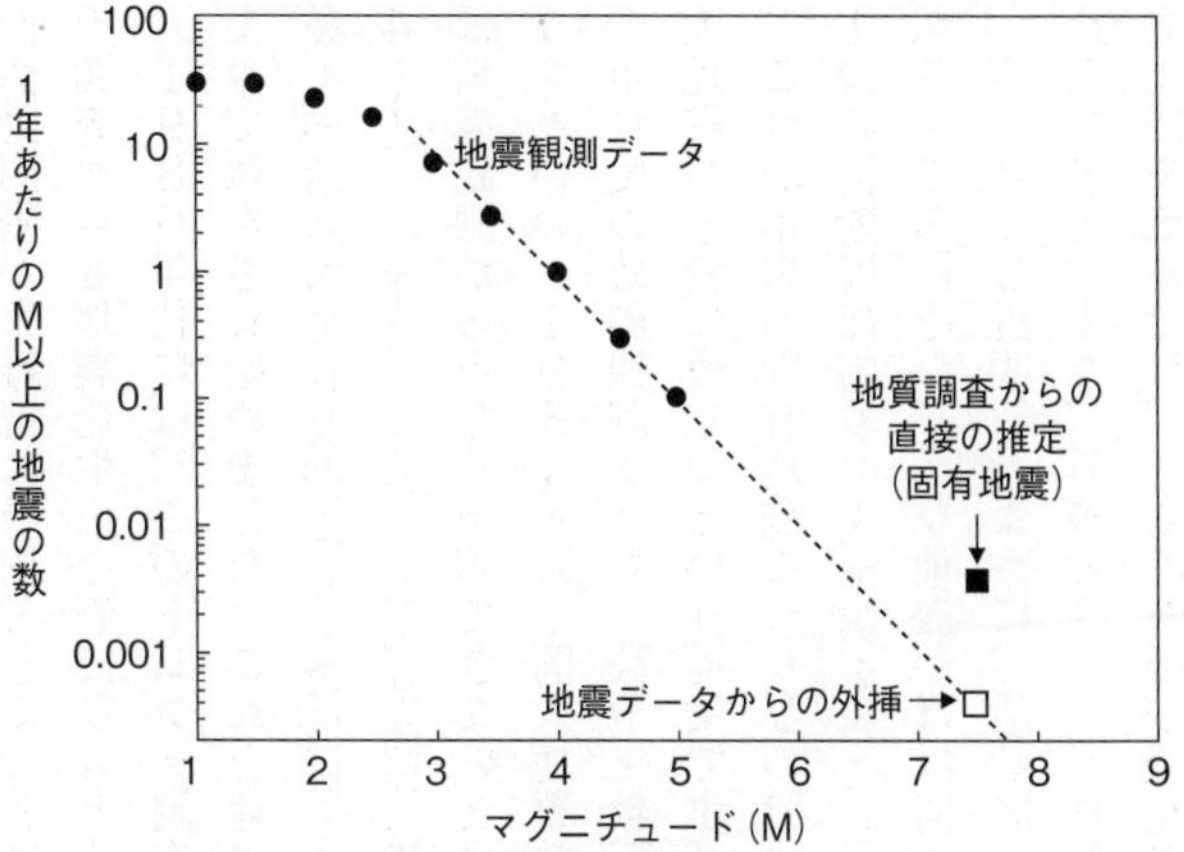

図4-1　地震のマグニチュードと頻度の関係

小さい地震と同様、ある地域でM4以上の地震が年に1回観測されているとすると、M5以上の地震は年に0・1個発生、M6以上は0・01個、同じくM7以上の地震は0・001個発生することが予想されます（図4-1）。年0・001個とは1000年に1回の割合で発生することを意味します。このことから、ふだん起きている小さな地震の発生数から、まれにしか起きない大地震を予測することができます。

これが、ふだんから小さな地震を観測する理由のひとつです。地震研究に地質学者が参入する以前は、このような原理を用いて大地震の危険度を評価していました。このようなGR則に基づく地震ハザードマップも数多く公表されてきました。

一方、地質学者は活断層を直接調べてきました。活断層の平均変位速度から、地震規模に応じた活動間隔が大雑把に予測できることは前に説明しました。また、後ほど説明しますが、トレンチ調査からも地震発生史を直接ひもとくこともできます。

1980年代には、このトレンチ調査が多く実施され、大地震発生史が地形学者・地質学者によって報告され始めました。これを地震学者が作成したGR則の図に直接プロットしたところ、多くの活断層でGR則よりも数倍以上の頻度で大地震が発生していたことがわかりました（**図4-1**）。つまり、それぞれの活断層は固有の地震規模と発生頻度（発生間隔）を持ち、これらは地震観測から正しく予測できないというものです。これを固有地震モデル（固有地震説ともいう）といい、1984年に米国人地質学者によって提唱されました。言い換えると、たかだか数十年程度の地震観測よりも、数千～数万年間の活断層の動きを地層から直接調べるほうが、内陸大地震の予測に役立つという提案です。

これが本来の固有地震モデルなのですが、予測に役立てやすい形に単純化されています。ある1つの活断層は固有の大地震を起こし、その際の断層長（破壊長）、ずれの量は毎回ほぼ一定であり、さらにそのような地震がほぼ同じ間隔で繰り返されるというものです（**図4-2**）。

第1章でも説明したように、活断層から発生する地震規模（マグニチュード）は断層の長さに比例します。また、断層の長さとずれ量（変位量）もおおよそ比例関係にあります。つまり、固有地震モデルでは、ある活断層が発見され、その位置が決まると自動的に断層長が求まり、固有

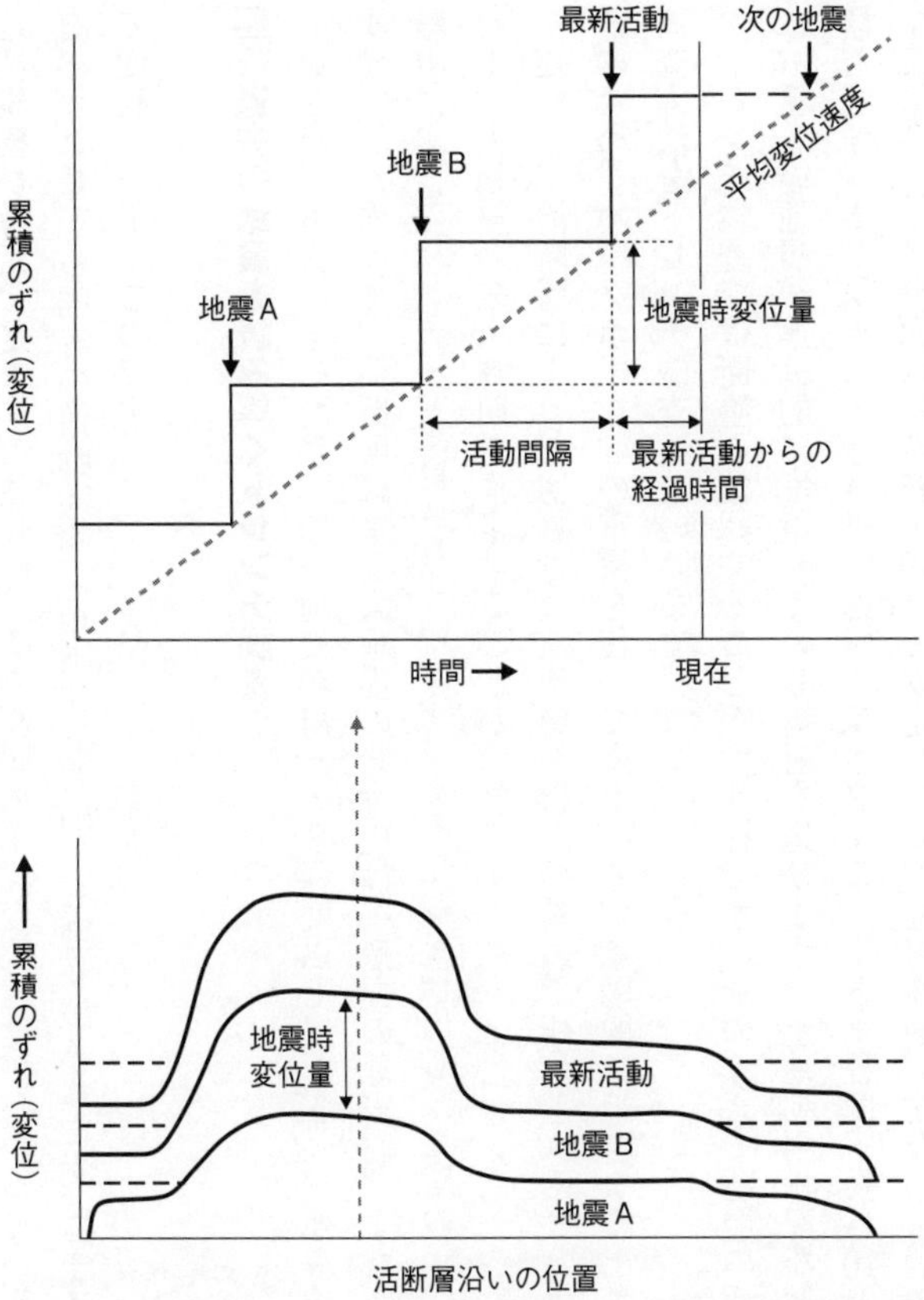

図4-2　固有地震モデル　上）地震発生のたびに地形の変位が積み重なっていく。下）ある活断層では、地震時にほぼ同じように同じ量の断層変位が生じる。

地震規模が特定できます。さらに、その断層の平均変位速度がわかっていると、活断層ごとの固有のずれ量から固有の活動間隔（地震発生間隔）も割り出されます（図4－2上）。とても単純で便利なモデルなのです。

過去の地震を読み解くトレンチ調査

第2章にも書きましたが、内陸地震がM6・8程度以上になると、地表に地震断層が顔を出します。したがって、活断層による大地震の発生史は、過去の地表面、すなわち現在観察できる地層中に、「ずれ」として記録されています。その記録を検出し、地層の年代を測定することによって、大地震の発生時期を推定することができます。

ただし、活断層によって切断された地層が自然の露頭で観察されることはきわめてまれです。そのため、バックホーなどの重機を使って溝を掘り、意図的に地層を露出させます。このような調査方法をトレンチ調査法といいます。

トレンチ調査では断層を確認することが大前提です。そのうえで断層の活動史をひもとくために、新しい地層が連続的に堆積している場所を選びます。土地利用状況なども掘削地の選定に影響します。トレンチの大きさは、通常、深さ2～5メートル程度、長さ10～30メートル程度です（本章扉写真）。壁面は傾斜45～70度で安定を保ち、地層断面、すなわち過去の地表面を観察します。

トレンチの壁から読み取られる地震（古地震）の発生時期は、断層によって切断された地層とその断層を覆う地層の境界面となります（**図4-3**）。この境界面のことを「イベント層準《そうじゅん》」といい、地震発生を記録した地層位置（時間）を示します。

大地震の証拠は、このような「切った・覆われた」という関係だけではありません（**図4-4**）。地震断層によって一時的に崖が生じ、その直後に崖が崩れたことを裏付ける堆積物などからも読み取られます。また、断層運動によって地表が傾いた証拠（撓曲）が見つかることもあります。その場合は、傾いた地層とそれを水平に覆う地層の境界が、イベント層準になります。

地震発生時期は、このイベント層準を挟む上下の地層の年代を測定することによって決められます。地層の年代測定には、主として放射性炭素同位体年代測定法（^{14}C法）を用います。^{14}C法とは、動植物に取り込まれた大気中のごく微量の炭素同位体^{14}Cが、死後約5700年ごとに半減する原理（半減期）を用いて年代を測定する方法です。過去約5万年前までの年代を測定できます。

^{14}C年代測定以外に、火山灰分析や考古学資料を用いて地層の年代を特定する場合もあります。過去の超巨大噴火によって列島規模で降り積もった火山灰層のいくつかは、年代がわかっています。たとえば、現在の鹿児島湾にあった姶良《あいら》カルデラから噴出した「AT火山灰」、熊本の阿蘇

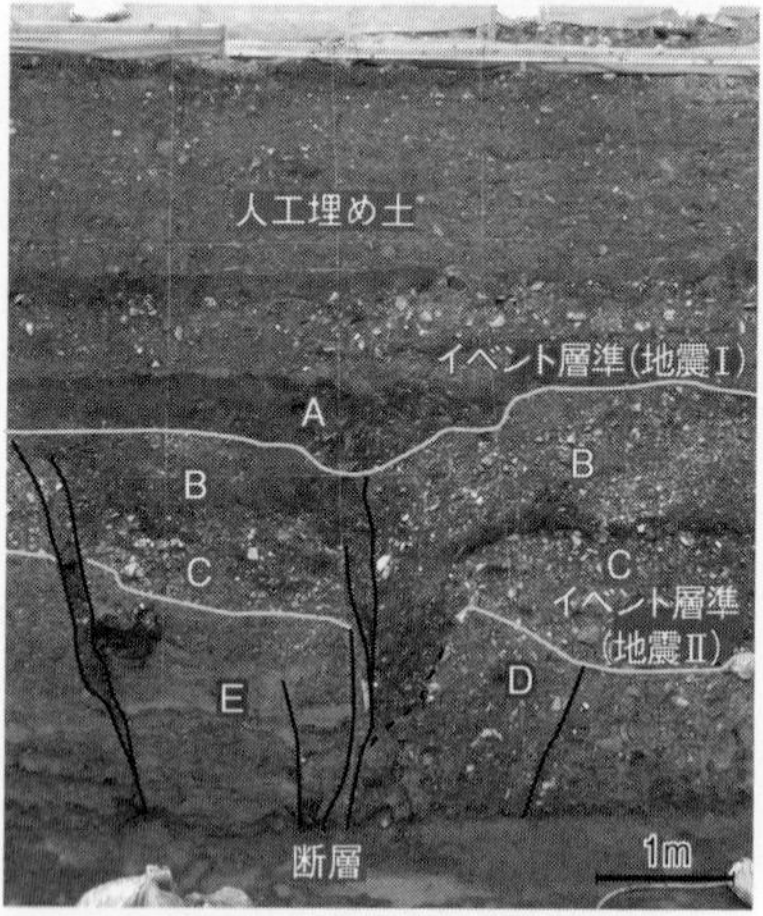

図4-3　トレンチ壁面の写真と解釈　黒い縦の実線が断層。2つの古地震を読み取ることができる

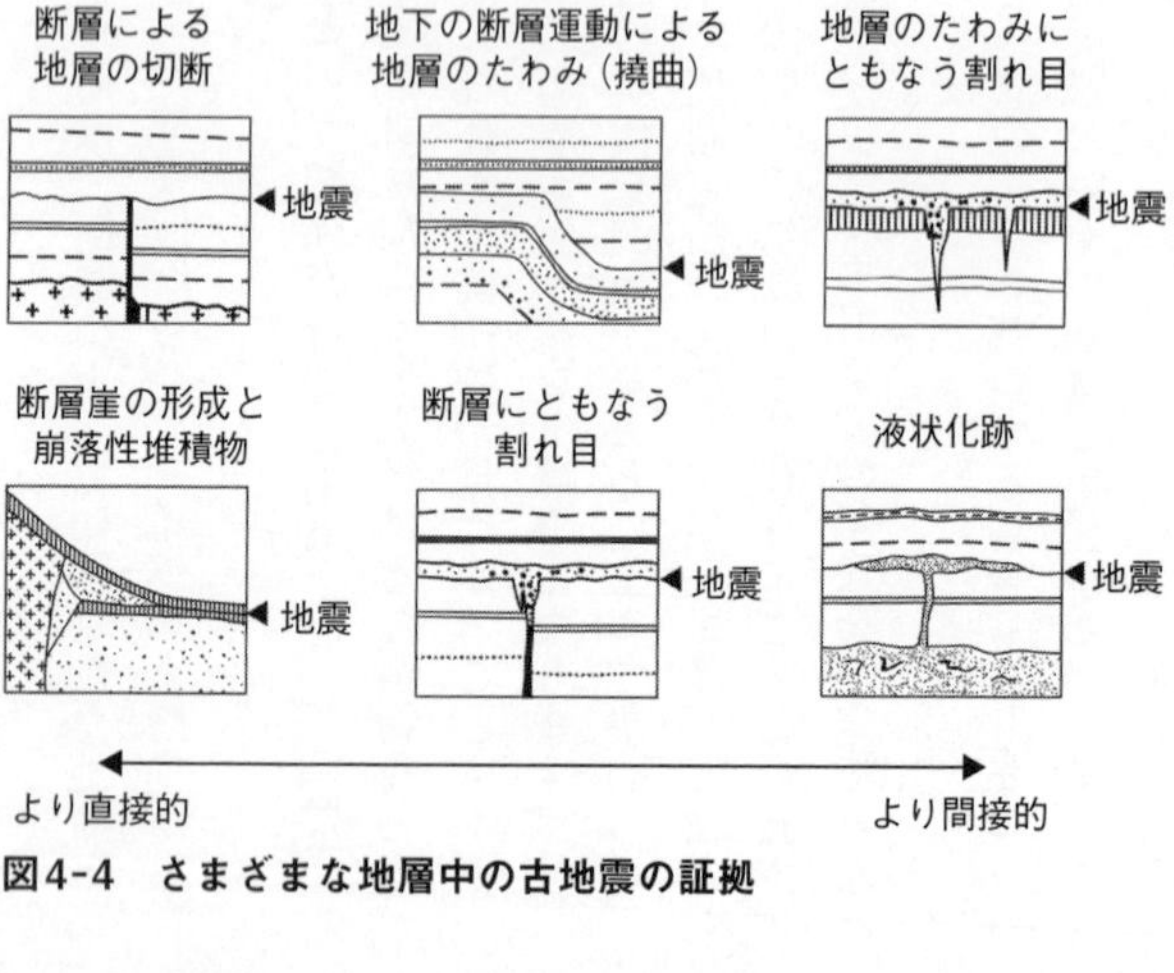

図4-4　さまざまな地層中の古地震の証拠

カルデラから噴出した「阿蘇4火山灰」などは、日本全域に降り積もっており、それぞれ約3万年前、約9万年前のものとわかっています。

一方で、侵食による地層の欠損や^{14}C年代測定の誤差は、軽く数十〜数百年におよびます。そのため、どんなに詳しく調査しても、断層活動時期には数十〜数百年程度の幅が生じます。どうしても避けられない不確実性です。そのため、たとえ活断層が完全に周期的に動いていたとしても(そんなことはまずありませんが)、それを確かめることはできません。

トレンチ内に露出する地層には、複数回の断層活動の痕跡が刻まれていることもあります。1つのトレンチから10回弱の断層運動が解読された幸運な例もあります。しかし、深さ2〜5メートルの地層からの情報には限界があります。多くの調査では1〜3回程度です。

断層の活動間隔を明らかにするためには、少なくとも2回の断層運動が必要です。このことから、1つの活断層の活動史を解明するには、複数箇所でトレンチ調査を実施し、それらの結果を組み合わせるのが通例となっています。

起震断層と「5キロメートルルール」

活断層から発生する地震のマグニチュードを予測するためには、活断層の長さを決める必要があります。しかし、1つの活断層を厳密に決めるのは容易ではありません。

活断層の密集域では、断層の「端」がなかなか定まらないのです。隣の断層とどのように分離するか、それとも1つの断層「帯」にするか判断が難しい場合が多いのです。

地図をどのスケールまで拡大・縮小するかで、見かけの断層の連続・不連続も変化します。10万分の1スケールの地図上では連続している断層が、1万分の1程度まで拡大すると不連続になることもあります。活断層の長さが地震規模に直結するので、個々の活断層の定義は深刻な問題となります。これを活断層のグルーピング問題といいます。

図4-5には、1891年（明治24年）に起きた濃尾《のうび》地震（M8・0）で動いた地震断層を示しました。濃尾地震では、北から主として温見《ぬくみ》断層、根尾谷《ねおだに》断層、梅原断層の3つの活断層が動きました。これらの断層は不連続で、それぞれの端と端が約3キロメートルと約2キロメートル離れています（ギャップもしくは離隔距離ともいう）。濃尾地震の震源は断層群の北端にあったとされています。ですから、断層のずれ（破壊）は温見断層から始まり、3キロメートルのギャップを超えて根尾谷断層におよび、2キロメートルのギャップを超えて梅原断層に到達しました。断層の連動現象が起こった結果、破壊の長さが延び、地震規模がM8になりました。

さらに極端な例は、1992年にカリフォルニア州ロサンゼルス郊外のモハベ砂漠で発生したランダース地震（M_w7・3）です。同地震では既知の大小9つの断層が連動し、総延長80キロメートルほどの地震断層となりました（**図4-6**）。平行して分布する多数の活断層上を、まるで

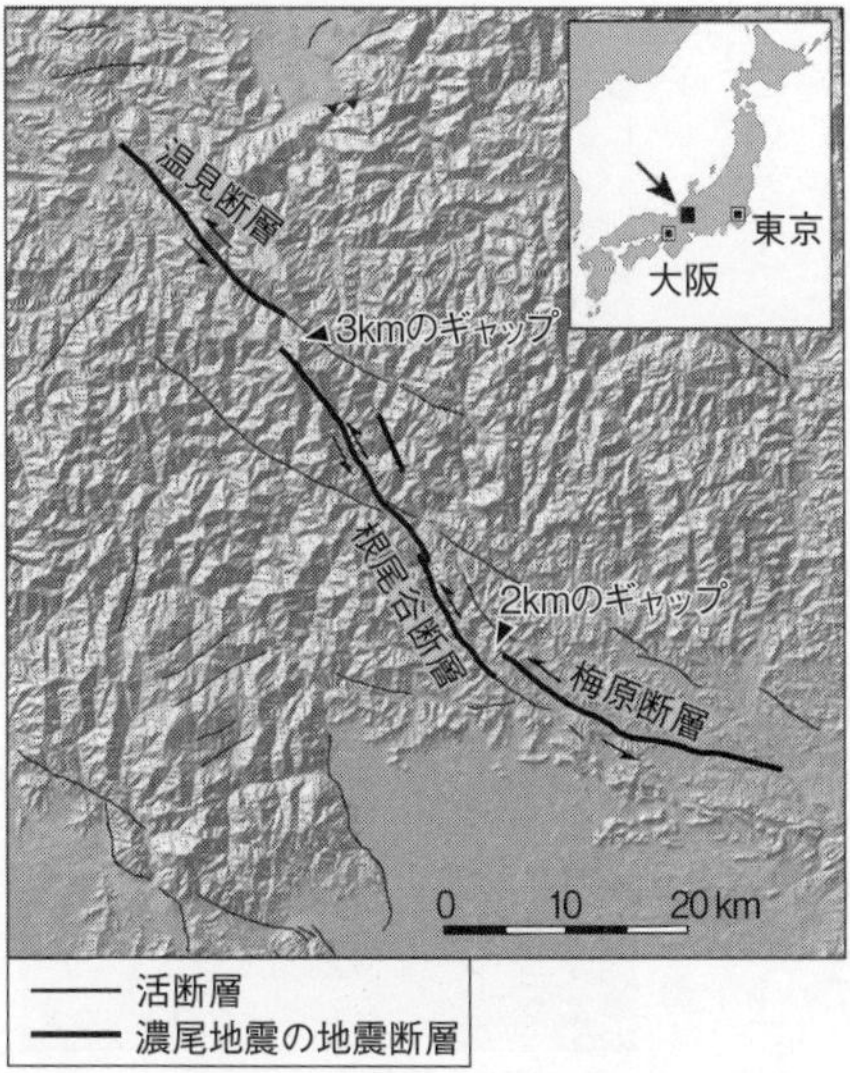

図4-5　濃尾地震（M8.0）の地震断層

「あみだくじ」のように次から次に破壊が乗り移った結果です。

興味深いことは、個々の断層の中央部でずれが最大で、末端に向かって小さくなることです。全体が1つの80キロメートルの断層ではなく、複数の断層活動の組み合わせであったことがわかります。

このような全世界の地震断層の事例を集めることで、1つの大地震を引き起こす活断層（群）を決める手がかりを探ります。まず注目されたのは、前述の断層の不連続部分の大きさ、すなわち隣接する断層どうしの離隔距離でした。1980年代後半のことです。

世界中の地震断層データを収集して調べたところ、断層上の破壊（ずれ）の連

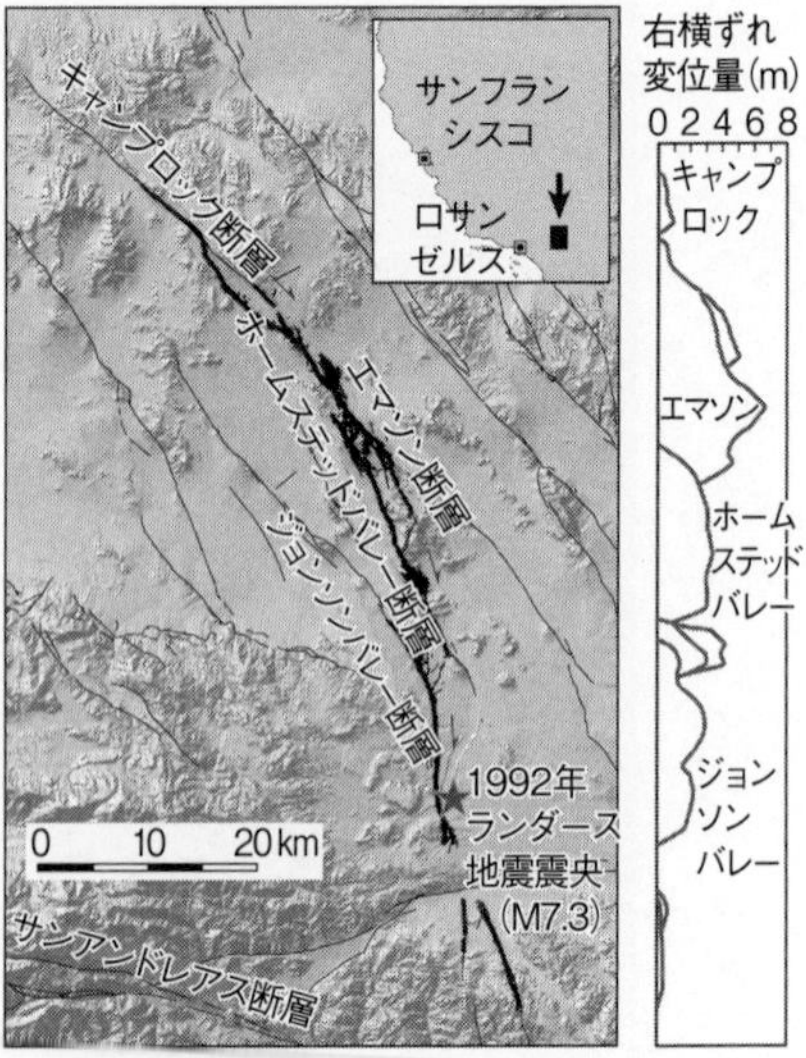

—— 既知の活断層
━━ ランダース地震による地表地震断層

図4-6　ランダース地震（Mw7.3）の地震断層

動と停止には、離隔距離が効いていることがわかりました。横ずれ断層の場合、離隔距離が5キロメートルを超えて破壊（断層のずれ）が進展した例はありませんでした。逆にいえば、活断層分布を見て、隣の断層と5キロメートル以上離れていれば、1つの地震を起こす活断層と定義することが可能ということです。これを俗に「5キロメートルルール」といい、活断層分布から最大地震を予測する際に使われています。

この基準で定義された断層を、あらためて「起震断層」と呼ぶこともあります。政府の地震本部による主要活断層の定義にも、基本的にこの「5キロメートルルール」が考慮されています。

一方、この方法では、最大地震、つまり最悪の事態は想定できても、実際に起こる地震規模を適確に予測できません。数百キロメートルもあるような長大な活断層（たとえば、カリフォルニア州のサンアンドレアス断層）では、断層はほぼ連続します。５キロメートルルールを適用すると、とてつもなく巨大な地震が想定されます。しかし、サンアンドレアス断層は一度に全区間が動くわけではありません。

長大活断層のなかで実際にどの部分が活動するのか、そのときにどのような大きさの地震がどのくらいの頻度で発生するのか、これを解明する必要があります。地震を起こす最小区間をセグメントといい、長大活断層を区間分割することを断層セグメンテーションといいます。また、単にセグメントに分割するだけではなく、どの範囲まで複数のセグメントが一緒に連動して、より大きな地震を引き起こすかについても同時に検討します。

日本には、サンアンドレアス断層のように数百キロメートルにもわたるような活断層帯は存在しません。しかし、中央構造線活断層帯や糸魚川《いといがわ》－静岡構造線活断層帯（以下、糸静線）は１００キロメートルを優に超えます。長大活断層ともいえます。そのため、両活断層帯では、セグメンテーション研究の視点から、集中的な調査が実施されてきました。その結果、地震の繰り返しごとに活動の区間が変化する、すなわち連動パターンが変化する状況が明らかになりつつあります。以下では、糸静線の例を紹介します。

日本の長大活断層、糸魚川－静岡構造線活断層帯

地質構造としての糸魚川－静岡構造線は、本州の中央部を南北に分断する大断層です。文字どおり新潟県糸魚川市から長野県松本市、諏訪湖、甲府盆地西縁から静岡市へ抜けます。この構造線を境に、本州の地質が一変します。西は約2億年前～6000万年前の地層、東は2000万年前以降の大地溝帯、「フォッサマグナ」に堆積した新しい地層からなります。

フォッサマグナとは、新潟県から長野県東部、山梨県、静岡県東部にかけて分布する、数キロメートルもの厚さの堆積物や火山噴出物の分布域をいいます。日本海が形成され始めたのは約2500万年前～2000万年前頃で、これ以降日本列島は大陸から分かれていきます。その過程で、本州は逆くの字に曲がり、中央部で本州を2つに断ち切る巨大な割れ目（大地溝帯）が生じました。その大地溝帯に海水が侵入すると同時に、地殻変動によって海底火山活動も活発になりました。フォッサマグナを埋める厚い堆積物は、この過程で生じました。フォッサマグナは、明治時代に東京帝大教授として招聘されたドイツ人地質学者ナウマンによって命名されました。

糸静線はこのフォッサマグナの西縁に位置する断層をいいます。フォッサマグナの形成過程で本州が東西に引き裂かれた際には、多数の正断層が形成されました。糸静線もそのような正断層群の一部でした。その後、第四紀後期（数十万年前～現在）になって東西方向に圧縮され、一部が活断層として活動を再開しました。その意味で、糸静線も反転テクトニクスの一例です。

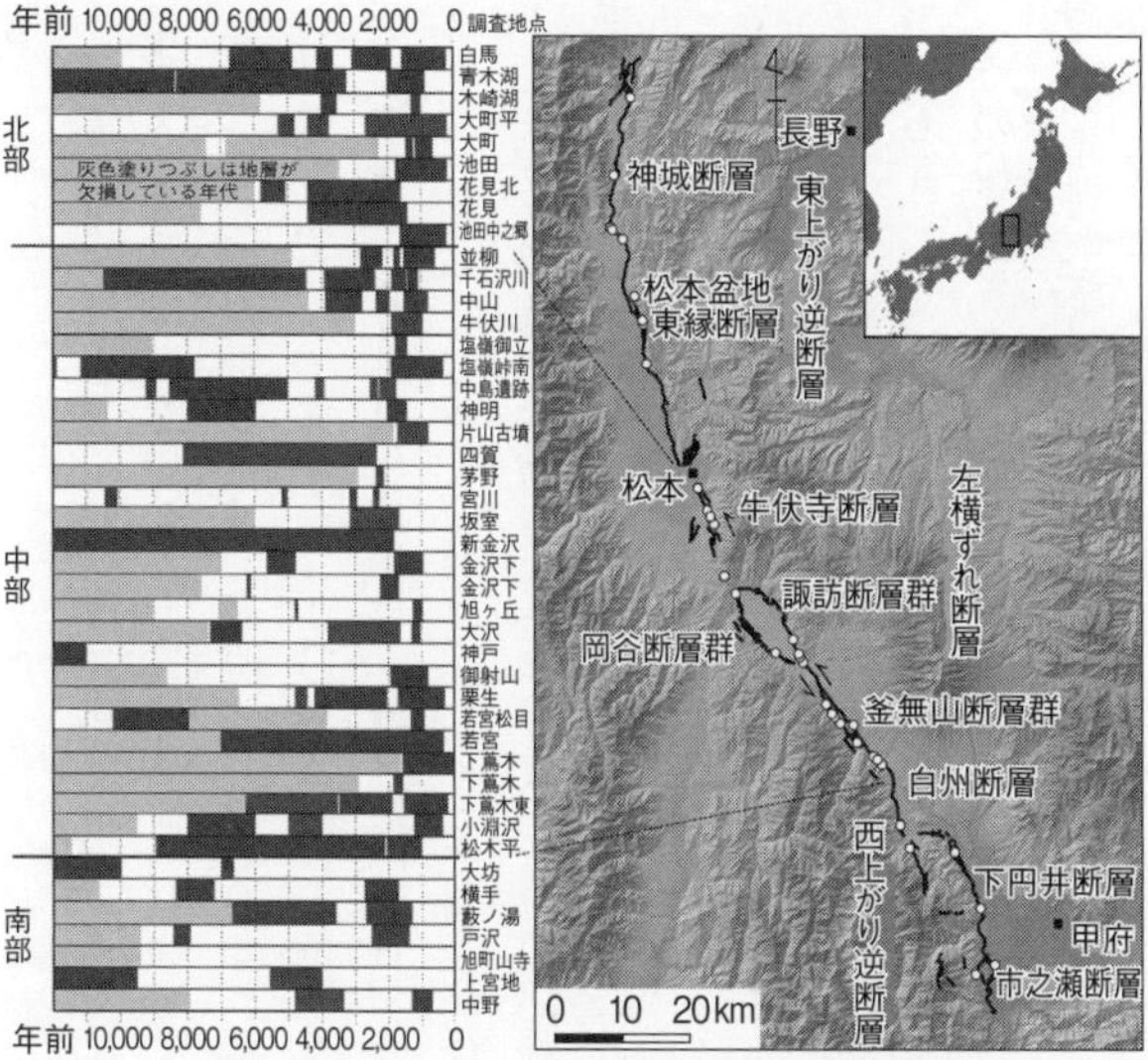

図4-7　糸魚川－静岡構造線活断層帯での断層活動履歴
左図の黒い横棒は1つの地震発生期間を示す。

活断層として新しい動きが確認されたのは、白馬付近から甲府盆地西縁に至る約150キロメートルの区間です（**図4-7**）。活断層としての糸静線は、むしろ白馬－甲府線といってもよいくらいです。

糸静線は多数の活断層から構成され、個々の断層には名前がつけられています（**図4-7**右）。大局的な構造は、北から東傾斜の逆断層（北部）、左横ずれ断層（中部）、西傾斜の逆断層（南部）の3つに区分されます。そのうち、中部区間にある牛伏寺《ごふくじ》断層は、平均変位速度が10ミリメートル／年もの左横ずれの動きが推定されています。日本列島の活断層では最速です。

糸静線から発生する大地震が地震予知の対象となったのは、1980年代です。80年代後半には東大地震研究所を中心とした研究者らによって、岡谷市や茅野市でトレンチ調査が実施されました。平均活動間隔が4000~5000年、最後に活動したのは1200年前というのが当時の結論でした。ですから、当時はそれほど危険な断層という認識はありませんでした。

その後、1990年代には工業技術院地質調査所（現、産業技術総合研究所地質調査総合センター）によって、多くの地点でトレンチ調査が行われました。その結果、牛伏寺断層では平均約1000年間隔で活動してきたこと、最新の活動が1200年前頃であることが明らかになり、近い将来に大地震を発生させる可能性が高いことがわかりました。

前述のように糸静線は断層線の不連続、ずれの向きなどから、多数の活断層（セグメント）に区分・命名されています。しかし、150キロメートルの全体が1つの内陸巨大地震を引き起こす可能性は払拭されず、最悪の場合にはM8を超える地震が発生すると公表されていました（1996年、地震調査研究推進本部（以下、地震本部）公表）。

その後も多くのトレンチ調査などが実施され、50ヵ所以上でデータが蓄積されました（**図4-7**）。日本で最も調査された活断層といえます。その結果、南部の逆断層区間は、北部・中部区間に比較して不活発で、1200年前頃に活動した痕跡がないことがわかりました。さらに、北部・中部の活動パターンも、とても複雑であることがわかりました。

しかし、M8超の地震の可能性が低くなったからといって、手放しでは喜べません。多数のセグメントに区分されて個別に地震を起こすと、最大地震規模は小さくなりますが、全体としての地震数、つまり地震の頻度（確率）は高くなります。

平成26年長野県北部の地震（神城断層地震）

セグメンテーションモデルを証明するかのように、糸静線北端の神城《かみしろ》断層の一部が2014年11月22日に動き、長野県北部の地震（M6・7）を引き起こしました。神城断層地震とも呼ばれます。この地震で、長野市、小谷《おたり》村、小川村で震度6弱を観測しました。白馬村堀之内地区などの一部の集落では、局所的かつ甚大な住宅被害が発生しました。地域住民どうしの助け合いの結果、幸いにも死者はゼロで、「白馬の奇跡」ともいわれています。

この地震は我々の予測をよい意味で裏切りました。

神城断層の長さは26キロメートルです。そのため、地震規模と断層長の経験則からM7・2の地震が予想されていました。また、平均変位速度は3ミリメートル／年なので、最後の大地震から1000〜1500年が経過した今日、地震が起きれば3〜4メートルの断層崖が生じるとも考えられていました。しかし、今回の地震はきわめて小ぶりなものでした。過小に予測して問題

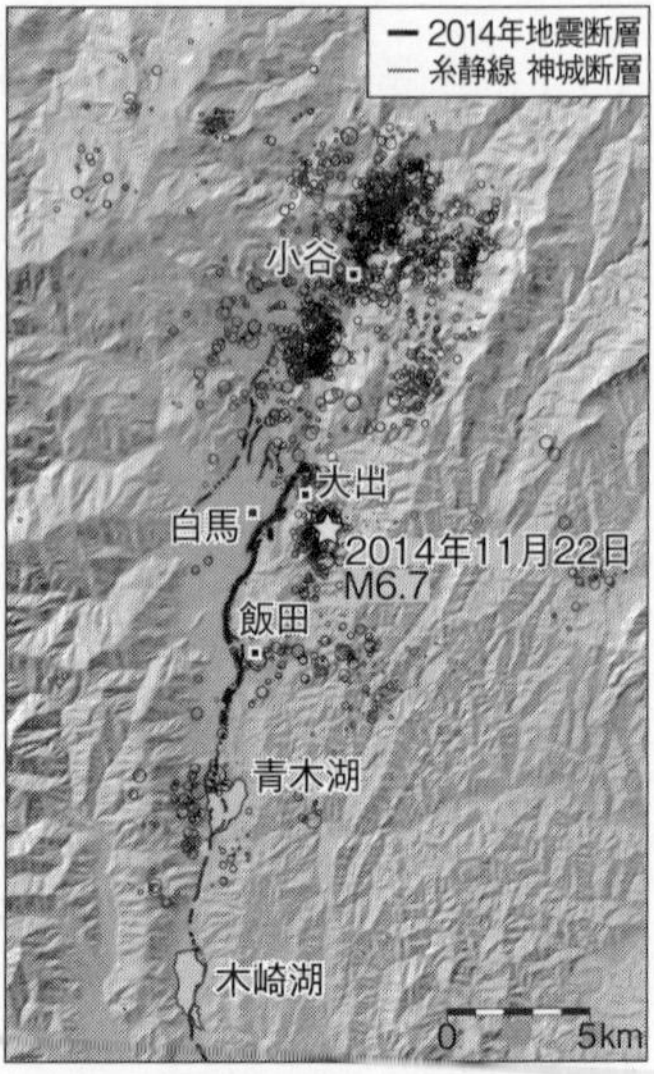

図4-8　神城断層の一部に沿って現れた長野県北部の地震の地震断層　多数の円は余震分布。小谷では地震断層は現れなかったが余震は多かった。

となった東北地方太平洋沖地震とは正反対です。

この地震では、白馬村役場北東約2キロメートルの姫川左岸から同村南端の東佐野地区にかけて、断続的に約9キロメートルの地震断層が出現しました（**図4-8**）。地震断層は大局的に見て山地（東側）と盆地（西側）の境界に沿うように、ほぼ既知の神城断層沿いに現れました。山地側が隆起する動きを示し、最大で比高0・8メートルの崖が生じました（**図4-9**）。また、地盤が圧縮されて動いた逆断層であることを示唆するように、道路や水田側溝が0・3〜0・5メートルほど短縮（座屈）した状態も観察されました。JR白馬駅の東側の住宅地では、断層のずれによって傾いた家屋も散見されました。

なお、国土地理院による衛星データを用いた解析によると、0・1メートル前後のずれはさらに北東の小谷《おたり》村にかけて10キロメートルほど延びます。震源断層としては20キロメートルほどの

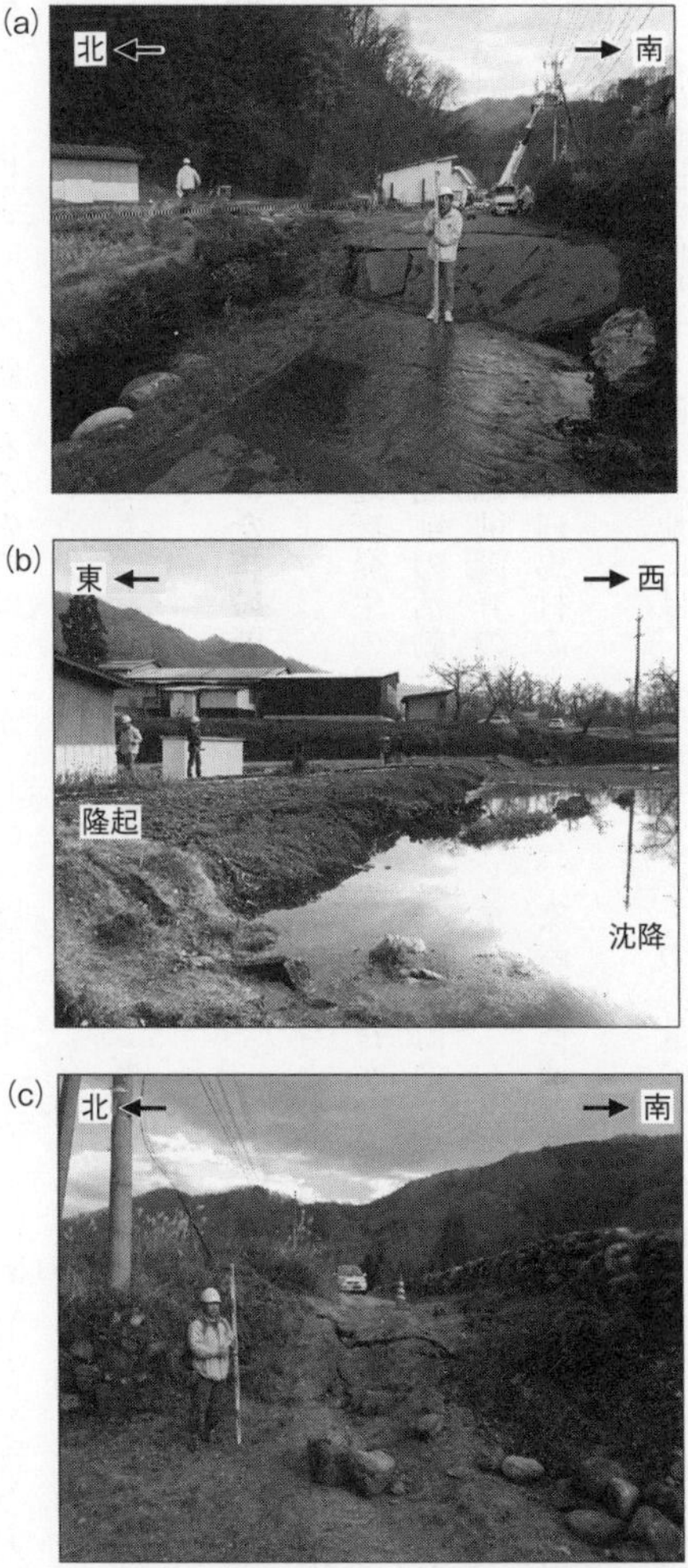

図4-9　2014年長野県北部の地震の地震断層

長さに達するようです。

この地震から見えてくるのは、そもそも1つの活断層に固有の地震規模を割り当てる「固有地震説」に根本的な問題があるのではないか、という疑問です。1つの活断層から多様な大地震が発生するのではないか、という見方もできます。それとも、今回の地震が典型的な「神城断層地震」であって、数百年間隔でもっと小刻みに地震を起こしてきたのでしょうか。

300年前にも動いていた神城断層

そこで、私たちの研究グループは、文部科学省の委託調査として、地震断層沿いの2ヵ所でトレンチ調査を行いました。地震発生の翌年、2015年10月から12月にかけてのことです。

その結果、神城断層の1回前の活動は、わずか300年前の1714年（正徳4年）であることがわかりました。以下に掘削調査の概要を紹介します。

トレンチ調査を行ったのは白馬村の大出地区と、家屋の倒壊が著しかった堀之内地区に近い飯田地区です（図4-8）。

大出地区が位置する白馬盆地には、北アルプスからの大量の土砂供給によって扇状地が形成されています。現在はその扇状地上を西から東に松川が流れています。地震断層は、この扇状地性段丘の末端部分に現れました。段丘面の勾配は東に緩やかに傾斜しますが、神城断層の東側隆起の動きによって、低いはずの扇状地末端が隆起しています。これによって北アルプスを向くような逆向き低断層崖が連続します（図4−10）。神城断層を代表するような断層変位地形です。この逆向き低断層崖の西側は湿地となっており、約1200年前以降に堆積した砂・シルト（砂より小さいが粘土の粒子より大きい砕屑物）・泥炭層が確認されていました。

2014年の地震では明瞭な崖が出現したわけではありませんが、道路などが大きく傾きました。航空機からのレーザーによる地形計測では、断層崖の東側が約1メートル隆起したことがわかりました。

2015年秋の調査では、この2014年地震で生じたたわんだ地形（撓曲崖）を横切るように、長さ24メートル、深さ3メートルのトレンチを掘削し、2014年に先行する断層の動きを見出しました（図4−11）。^{14}C年代測定の結果、この断層のずれは西暦1700年以降に生じたことがわかりました。また、そのさらに前の活動は、この断層崖の西側を沈降させて湿地にする断層活動で、約1200年前に発生したとみられます。つまり、大出地区では、今回の2014年の地震、1700年以降の地震、約1200年前頃の地震という3つの地震が検出されたわけです。

もう1ヵ所のトレンチ調査地点は、JR神城駅の東約700メートルの飯田地区です。姫川の右岸にあり、神城盆地の東縁が大きく東に湾入する部分に位置します。

図4-10　長野県白馬村に分布する神城断層　断層の動きで扇状地が隆起することによって、北アルプス側（上流側）を向く崖（逆向き断層）となっている。下は大出地区のトレンチ。

図4-11　神城断層を横切るトレンチ壁面　約300年前の断層活動の痕跡が記録されている。

トレンチの壁には、5万年前以前の「古神城湖」という湖に堆積した粘土層・砂層、数千年前の北アルプスからの扇状地堆積物、最近数百年間に姫川が運んできた砂礫が出現しました。これらの地層は、高角度の断層によって何度も切断されていて、過去約5000年の間に2014年の地震も含めて5回の断層活動が検出されました。平均的な活動間隔は1000年程度です。

一方、調査中に江戸時代初期と推定される皿の破片が見つかりました。遺物が見つかった地層は、姫川が運んできた砂礫層です。詳しい観察で、この砂礫層は2014年地震の1つ前の断層活動で切断されていたことがわかりました。

したがって、過去の平均的な活動間隔は1

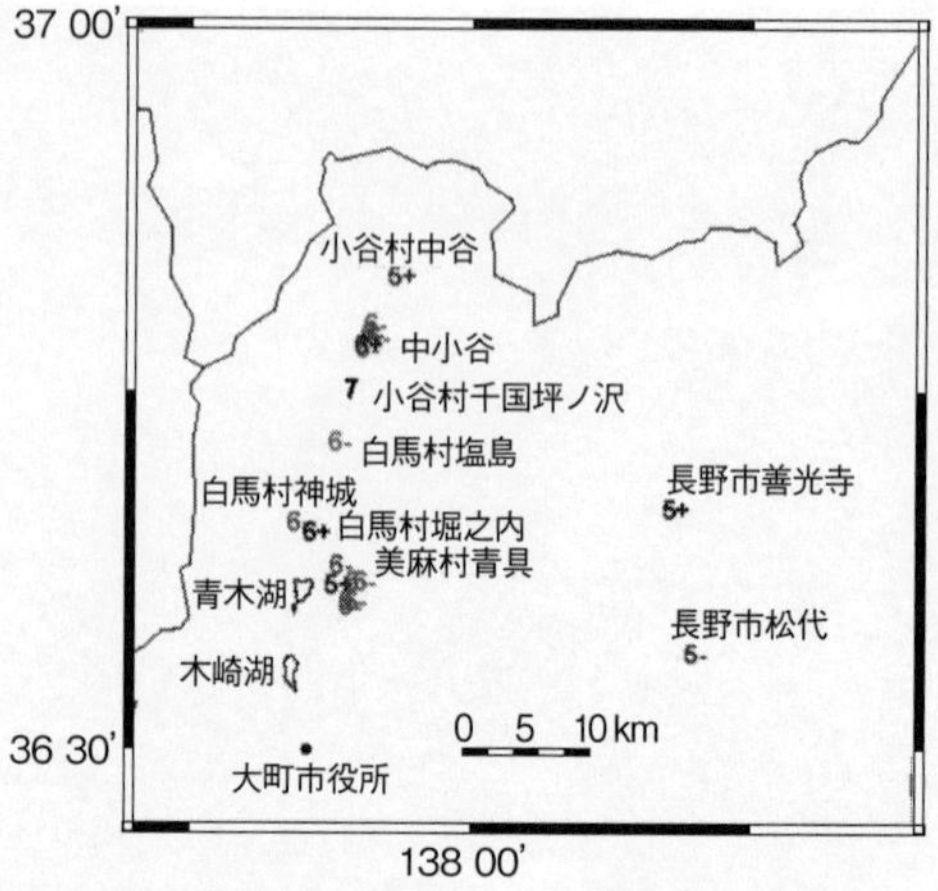

図4-12　1714年に発生した小谷地震の推定震度分布（都司、2014による）

０００年程度ですが、大出地点と同様、１回前の活動は18世紀以降に発生していたことになります。

　このように、２０１４年地震後に実施した２ヵ所のトレンチ調査では、ともに約３００年前以降に同じような断層活動があったことがわかりました。３００年前以降ですから、歴史地震記録に当然残っているはずです。有史以来の主な地震を記録した『日本被害地震総覧』を調べてみると、ぴったり３００年前に同じような地震が発生していました。１７１４年（正徳４年）の小谷地震です。地震規模はM６．３程度と推定されています。

　図４-12は、元東京大学地震研究所の都司《つじ》嘉宣さんによる小谷地震時の推定震度分布です。小谷村、白馬村で震度６以上の強い揺れ

が推定されています。小谷村千国坪ノ沢では、大規模な山崩れが発生し30人が亡くなったとされ、震度7であったと推定されています。また２０１４年地震で被害が著しかった堀之内地区でも、当時48戸ほどの家屋が潰れ14名の死者が出た、と古文書に記録されています。

小谷地震の被害は長野市にまでおよび、震度分布が長野県北部の地震の分布にきわめて似ていることがわかります。わずか３００年で同じような地震が繰り返されたことを示しています。

今回の調査結果は、活断層から発生する内陸地震予測への新たな問題提起となりました。

これまで、日本の活断層の最短の繰り返し間隔は、伊豆半島北東部にある丹那断層で、約８００年とされていました。神城断層の調査結果は、これを大きく塗り替えることになりました。しかし地層観察から、この３００年が神城断層の代表的な繰り返し間隔だとは考えにくいのです。活動の繰り返しは周期的ではなく不規則に揺らいでいるのかもしれません。これまでの内陸地震評価の見直しも視野に入れた議論が必要です。この問題は第7章でもう少し詳しく考えます。

糸静線で今後南側への連鎖的な活動が起こるのか

前述のように、２０１４年の長野県北部の地震では、青木湖よりも南側の神城断層は動いていません。そうすると今後気になるのが、青木湖以南の神城断層と、さらに南に続く松本盆地東縁断層で今後大地震が発生するかどうかです。１つの断層帯で連鎖的に地震が発生することは、後

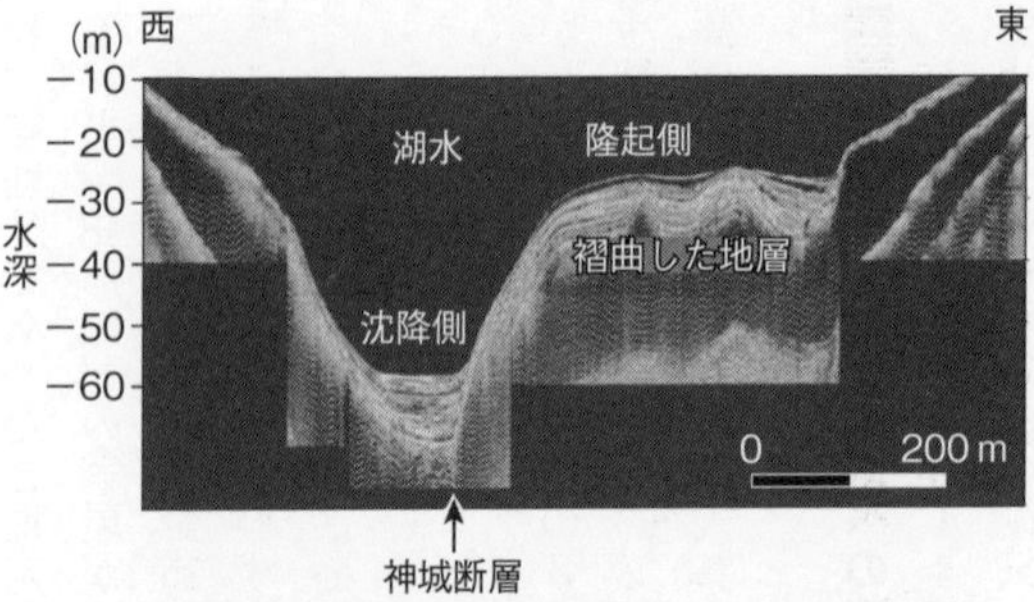

図4-13　青木湖の東西音波探査断面　神城断層で湖底の地層が上下に約30mずれている。（厚口ほか、2007）

述する熊本地震のようによくあることです。

震源の南では、１８５８年４月23日（安政５年３月10日）に大町地震が発生しています。白馬村神城から大町市にかけて震度６弱以上の揺れがあったと推定されています（都司嘉宣氏による）。とくに青木湖から木崎湖の東側では震度６強と推定される村々もあり、被害は甚大でした。しかし、震度分布から推定される地震規模はＭ６弱で、地震断層を出現させるような規模には思えません。

神城断層は、仁科三湖（青木湖、中綱湖、木崎湖）沿いを通過しています。青木湖は約３万年前に、北アルプス側からの巨大地すべりで姫川が堰き止められてできた湖です。神城断層はこの湖を二分していて、その後の度重なる断層運動で、湖底には南北に延びる高低差約30メートルの崖が生じています。この部分は音波探査で地下に断層が存在し、湖底堆積物を大きく変位させていることがわかっています（図4-13）。また、青木湖では１９８０年代から音波探査に加えボーリング調査なども行われ、神城断層によって形成された湖底地形と地震の揺れの痕跡を記録する堆積物によって地震発生史が紐解かれてきました。

２０１５年の調査では、この音波探査断面による地層の変形と湖底下８メートルまでの堆積物の分析から、過去１万２０００年の間に８回の断層運動が検出されました。とくに、最近数回は１０００年未満の短い活動間隔が推定され、神城断層北部での調査結果と整合します（ただし、１７１４年小谷地震や１８５８年大町地震などの明確な痕跡は見つかっていません）。つまり、神城断層南部も、北部と同程度に大地震を発生させてきた歴史があるにもかかわらず、最近数百年は活動していないと思われます。歪みを十分に蓄積している可能性があります。

木崎湖でも２００６年に湖岸で調査が行われ、今から１２００年前頃に大きな断層活動があったことがわかっています。この１２００年前というのが、この糸静線に広く共通する活動時期です。この頃に動いた証拠が、白馬から南は山梨県小淵沢まで各所で見つかっています。神城断層南部よりも南の糸静線には、最近１２００年の間、歪みを溜め続けている可能性があるということです。今後連鎖的に次々に大地震が発生しても、なんら不思議ではありません。今回の地震によってタガが外れ、南に向かって連鎖的に大地震が発生する可能性も考えなければなりません。

内陸地震の発生確率

活断層から発生する大地震を予測するためには、これまで述べてきたような過去の動きを参考にします。厳密な地震予知は不可能ですが、動きの「くせ」を読み解き、未来にあてはめることによって、長期的な「予測」が可能です。温故知新とでもいえましょうか。重要なのは、大地震の切迫性をできるだけ定量的に示すことです。そのために、阪神・淡路大震災以降、確率による予測が導入されました。

地震本部によって、全国の活断層が精力的に調査され、それらの活動史に基づいて将来への一定期間（たとえば今後30年間）の地震発生確率値が算定されています。

確率値の算定にあたっては、①活断層の平均的な活動間隔、②活動間隔の平均からのばらつき（標準偏差）、③最新活動からの経過時間の3つの情報が必要です。少なくとも、①の平均的な活動間隔の設定は必須です。

海溝型地震では、南海トラフ沿いの地震などのように、過去数回の活動史がわかっている場合が多く見られます。平均的な活動間隔を提示することは比較的容易です。しかし、活断層では数千〜数万年間隔で地震を起こすため、具体的に何回もの活動史がわかった例は多くありません。地震時の想定ずれ量を、平均変位速度で割ったものを活動間隔として代用する場合もあります（第3章参照）。

平均活動間隔からのばらつき（以下、変動係数もしくはαと略します）は、理想的には個々の活断層ごとに設定するのがベストです。しかし、トレンチ調査で得られる活動間隔は、せいぜい数回です（多くは2回以下）。活動間隔がどの程度変化するかまで統計的に検出することは不可能です。したがって、地震本部では、全断層共通の変動係数αとして0・24という値を用いています。0・24というのは、活動間隔がおおむね平均からプラスマイナス24％以内に収まるというものです。これは、活断層の動きに気まぐれが少なく、準周期的に地震が発生するというモデルです。

平均活動間隔と変動係数αに加えて、最新活動からの経過時間がわかれば、確率算定に条件を付けることができます。これを「条件付き確率」といいます。最新の大地震から長く時間が経過していれば、断層に十分な歪みが蓄積されているとみなされ、確率が高くなります。逆に、経過時間が短い場合には確率は下がります。暗に地震発生の物理を含んでいます。

図4－14に条件付き確率の求め方を示しました。図は正確には確率密度関数といいますが、地震の繰り返し間隔の頻度分布（ヒストグラムのようなもの）と考えてください。横軸が時間なので、山型のピークが平均的な活動間隔で、裾野はそのばらつき具合を示します。裾野の幅が広ければ活動間隔のばらつき具合が大きく、狭ければ比較的周期的に活動していることになります（αの値で形が変わります）。横軸は最後の地震からの経過時間を表します。ずっと時間が経過す

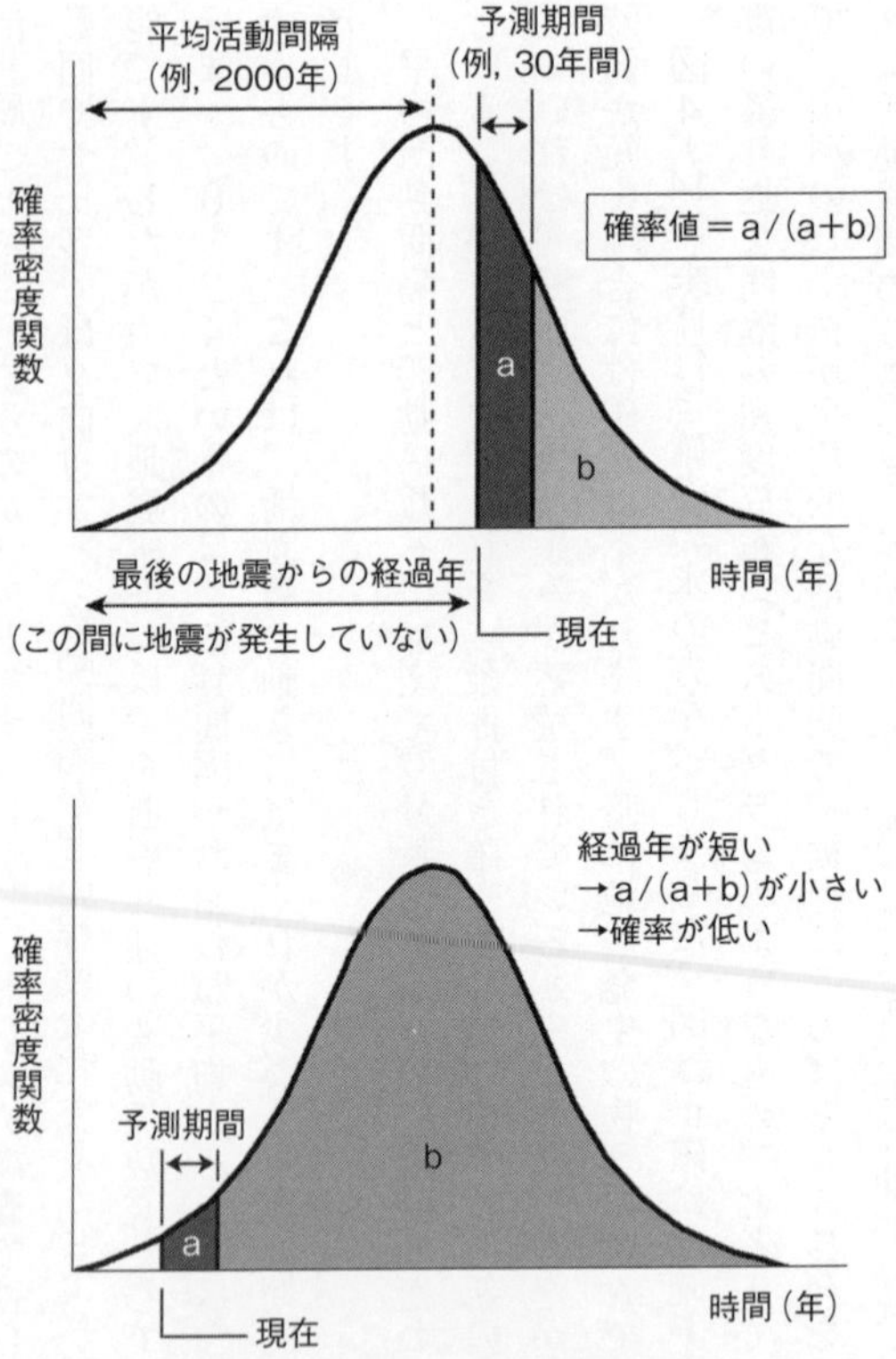

図4-14 条件付き地震発生確率の計算のしくみ 上)最後の地震発生からの経過時間が平均活動間隔を上回っている場合 下)最後の地震からわずかしか経過していない場合

るといつかは地震が発生するのですが、最も発生しやすい時間がこの山のピークになります。右側の裾野の末端まで行くと、必ず地震が発生するというしくみです。

確率を計算するには、まず現在の位置を最後の地震からの経過時間として記します（図中の「現在」）。そのうえで、たとえば図４-14上の場合、すでに経過時間が平均を上回っているので、白色のエリアは排除されます。つまり、残りの面積ａ＋ｂで必ず地震が発生するということになります。そのうち予測期間中（たとえば30年間）に地震が発生する可能性は、面積ａで示されます。面積ａ＋ｂで必ず地震が発生するのですから、予測期間中に地震が発生する確率はａ/（ａ＋ｂ）です。

同じことを、図４-14下のように地震発生から間もない断層に適用すると、白色の部分が小さくなり、ｂがとても広くなるために、地震発生確率ａ/（ａ＋ｂ）は小さくなります。

図４-15は、そのようにして求められた主要活断層での今後30年間の地震発生確率です。確率値はおおむね数％以下です。最大値は九州の日奈久断層帯八代海区間の16％ですが、それでも小さい値のように思えます。天気予報の降水確率と比較すると実感できますが、普通は降水確率10～20％では傘を持ち出す人は少ないでしょう。そのため地震本部は、油断を避けるためにも、0.1～3％で「やや高い」、3％以上で「高い」という注意書きを付しています。

また、無視できるほど小さな値ではないことを理解してもらうために、参考情報として「交通

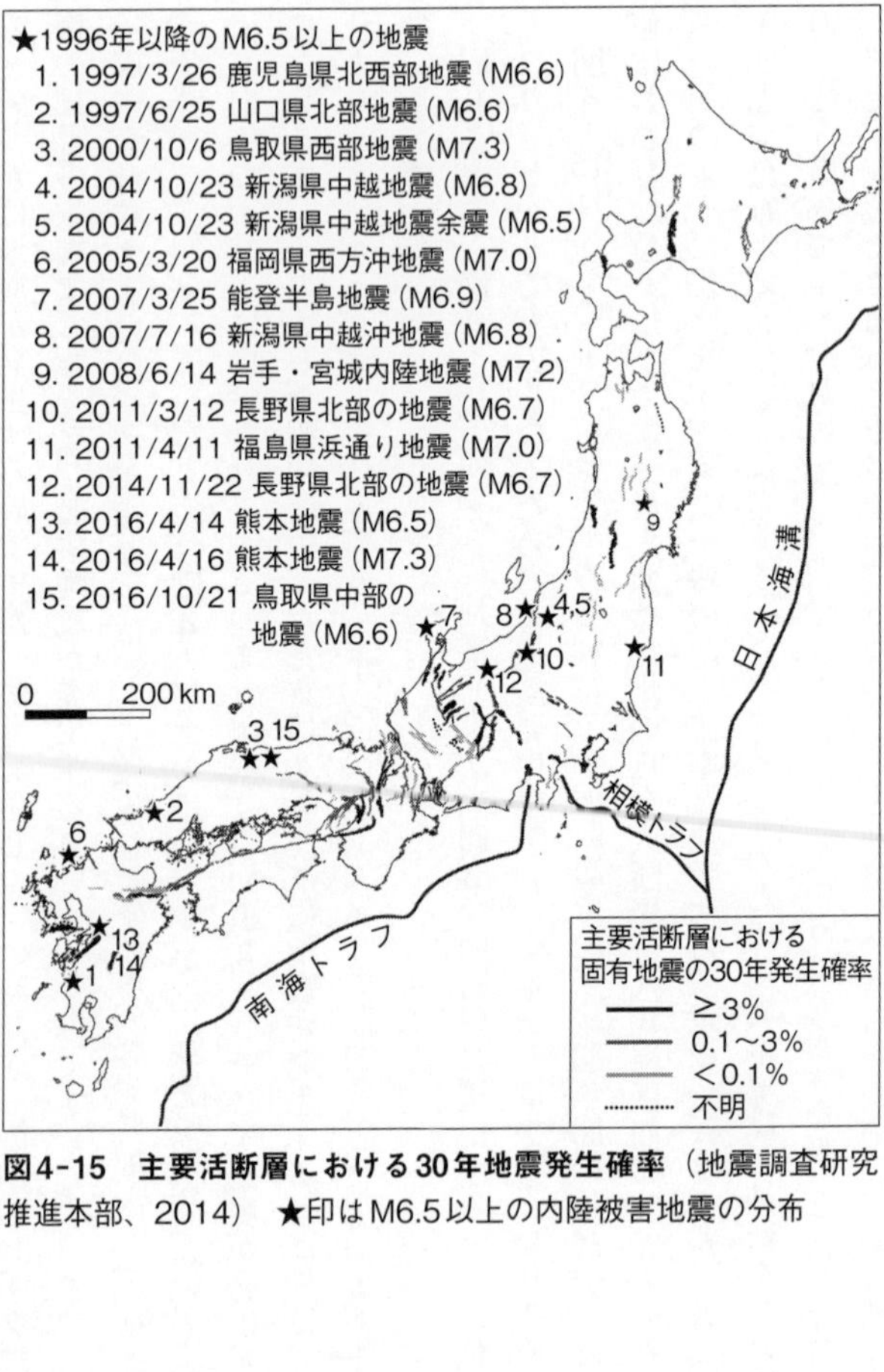

図4-15　主要活断層における30年地震発生確率（地震調査研究推進本部、2014）　★印はM6.5以上の内陸被害地震の分布

事故で負傷する確率24％」「空き巣ねらいにあう確率３・４％」「火災で罹災する確率１・９％」「台風で罹災する確率０・４８％」などを比較対象に示しています。ちなみに、兵庫県南部地震発生直前の野島断層の30年確率は、遡って計算すると８％になります。

ところで我々は地震防災・減災を目指しています。したがって、現実問題として、特定の地域が周囲の活断層によって被害を被る確率を算定することが重要です。その場合、ある都市（地点）から一定距離内にあるすべての活断層の地震発生確率を考慮します。

したがって、活断層が密集している近畿や中部地域では、周辺のいずれかの活断層から影響を受ける確率が高くなることが容易に想像できます。

第5章

内陸地震のハザード評価

写真／2016年熊本地震で倒壊した木造家屋。震度7を記録した西原村にて。

最近では一般にも「ハザード」という言葉を聞くことが増えました。地震や津波、火山噴火、台風などの影響範囲や程度を地図化した「ハザードマップ」が地域ごとに作成され、身近になってきたからだと思います。ただ、ハザードを「危険」「リスク」と同じ意味合いで捉えている方が多いと思いますが、本来、ハザードとリスクの意味は異なります。

ハザードとは危険の原因となるもののことで、地震災害の場合、断層運動による地震そのものを指します。一方、リスクとはそのハザードによって何らかの損害を生じる可能性を意味します。地震という危険要因があっても、そこに人間活動・社会活動がなければ損害、すなわちリスクは生じません。地震の場合、強震動（ハザード）にどれだけの人口が曝され（曝露《ばくろ》）、その都市の建物やインフラがどれだけ地震に強いか弱いか（脆弱性）、この3要素で災害の大きさが決まります。

我々のような自然科学者が研究する部分は主にハザードです。活断層による内陸地震の場合、ハザードは、地震動と断層のずれ（変位）に分けられます。

いつ、どこで起きるかを予測——地震ハザード

将来発生する内陸地震を予測するために、活断層の位置、方向・傾斜、長さ、平均変位速度、変位量、活動史などについて解説してきました。これらは地震規模と確率というかたちで予測に

活かされます。しかし、防災に本当に必要なものは、活断層がいつどう動くかだけではなく、揺れの強さとその頻度（確率）です。地震動は、通常は最大加速度・最大速度・震度などで表現されます。以下では、発生した地震が地表をどのように揺らすのか、特定の地点が地震に見舞われる確率や揺れの程度はどれくらいなのか、といったことを予測する方法について紹介します。地震動によるハザードです。

活断層から発生する内陸地震を再現するためには、まずコンピュータ上の仮想空間で断層位置と大きさを決め、断層を動かし、地震の規模に応じた強さの地震波を発生させます。これを震源過程といいます。ただし、この震源過程だけで、揺れが決まるわけではありません。深さ十数キロメートル～数キロメートルの断層から発せられた地震波（Ｐ波、Ｓ波、表面波）は、その後地表に到達するまで、岩盤中や柔らかい堆積物中を伝わります。これを地震波の伝播といいます（**図5-1**）。

この伝播の経路は震源過程同様に重要です。一般に、Ｐ波とＳ波の振幅は、硬い岩盤中ではおよそ距離の２乗に反比例して弱まります。震源から遠方で揺れが小さくなる理由は、この距離減衰です。ただし、この距離減衰の程度は地震波の周期の長短でも変わります。周期とは揺れが１往復するのにかかる時間です。

音楽と同じで、地震波もさまざまな周期の波が重なり合っています。一般に、Ｍ８やＭ９など

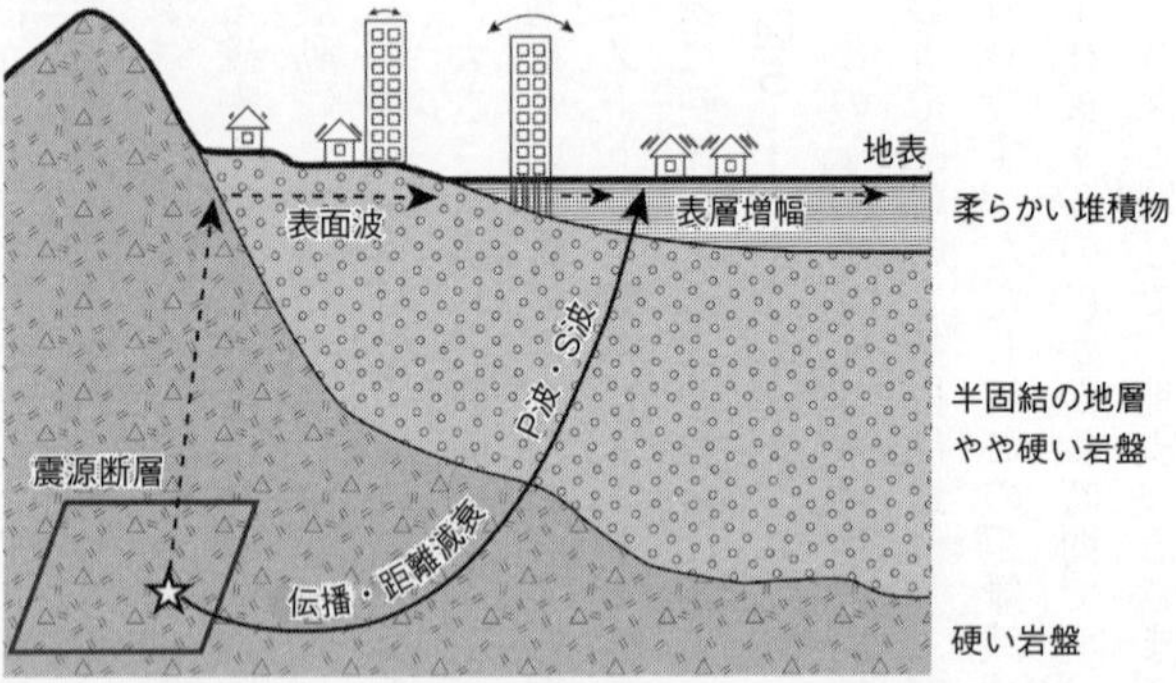

図5-1　地下構造と地震波伝播の関係（地震調査研究推進本部、2011を改変）

の巨大地震は、短周期（約2秒以下）のみならず、長周期（約2〜20秒）の波まで含みます。とくに地球の表面付近を伝わってくる表面波は、周期が長いのが特徴です。音楽にたとえれば、M6〜7の地震は中高音を主体とするのに対して、巨大地震はコントラバスなどの低音を含んでいるようなものです。低音が遠方まで響くのと同様、波長の長い地震波は比較的遠くまで届きます。巨大地震で広域に揺れるのは、規模の大きさと震源の深さだけではなく、このような波の特性も影響しています。

活断層型の内陸地震は、震源が浅く、短波長成分の波が中心なので、震源断層から少し離れるだけで揺れは小さくなります。たとえば、兵庫県南部地震で大阪の震度がわずか4程度だったのはそのためです。

こうして深く硬い地盤中で弱まった地震波が最後に通過するのが、表層の堆積物です（実際は**図5-1**のように、やや硬い岩盤や半固結の地層が介在しますが、ここでは話を簡単にします)。表層では、距離減衰で弱まった地震波が復活します。柔らかい堆積物によって波が増幅されるのです。これを表層地盤増幅といい、増幅される倍率を地盤増幅率といいます。

この地盤増幅率は、主に柔らかい堆積物の厚さで決まります。関東平野では全般的に地盤増幅率は1・5倍以上で、とくに東京湾埋め立て地や江戸川、荒川、利根川周辺では2倍以上にもなります。また濃尾平野や京都盆地、大阪平野などでも2倍以上です。

もちろん山地などでは堆積物がなく、岩盤が剝き出しなので増幅は起こりません。兵庫県南部地震で神戸の山手側で被害が小さかったのは、住宅の多くが六甲山の硬い花崗岩の上に立地されていたからです。逆に、幹線道路や鉄道路線、住宅がひしめく市街地直下には、1キロメートルもの厚さの未固結〜半固結の堆積物(大阪層群)が存在します。その中での地震波の増幅が被害を大きくした直接の原因です。

熊本地震でも、表層地盤増幅が被害を大きくしました。益城町で地表に設置された地震計には1362ガル(ガルは加速度の単位、重力加速度1Gは981ガル)が記録されましたが、地中255メートルの位置ではわずか288ガルでした(防災科学技術研究所の資料による)。表層の堆積物でどれほど地震波が増幅されるかがわかります。したがって、火災やパニックさえ起きなければ、地下鉄構内などの地下空間は安全なのです。

なお、最近は長周期地震動という特殊な揺れが問題になっています。前述のとおり、浅い大地震からは、P波、S波に加えて、周期の長い表面波も発せられます。じつは固有周期の長い超高層ビルなどは、この表面波による長周期地震動と共振現象を起こしやすいのです。長周期の表面波は、大きな平野や盆地に堆積している厚い堆積物で増幅され、その上に建つ高層ビルと共振するというしくみです。

東北地方太平洋沖地震では、震源から800キロメートルも離れた大阪市にある55階建ての咲《さき》洲《しま》庁舎が共振現象を起こしました。最上階では最大1・4メートル以上も水平に揺れ動き、その動きは10分間も続きました。そのため、大地震の後には、普通の震度だけではなく、長周期地震動階級（1〜4）も発表されるようになりました。

長周期の表面波は、少なからず内陸地震からも発せられます。2004年の新潟県中越地震では、200キロメートルほど離れた関東平野で長周期の表面波が増幅され、数分間にわたって高層ビルを揺らしました。熊本地震でも震源断層近傍で大きな長周期地震動が観測されています。

以上のように、震源過程、距離減衰、表層地盤増幅を考慮して、日本全国の揺れの予測を表示したものが**図5-2**です。これは正確には「確率論的地震動予測地図」といい、今後30年間に震度6弱以上の揺れに見舞われる確率を表しています。最近は地震ハザードマップといえば、この図を示すことが多くなりました。このマップについて、さらにもう少し詳しく説明しましょう。

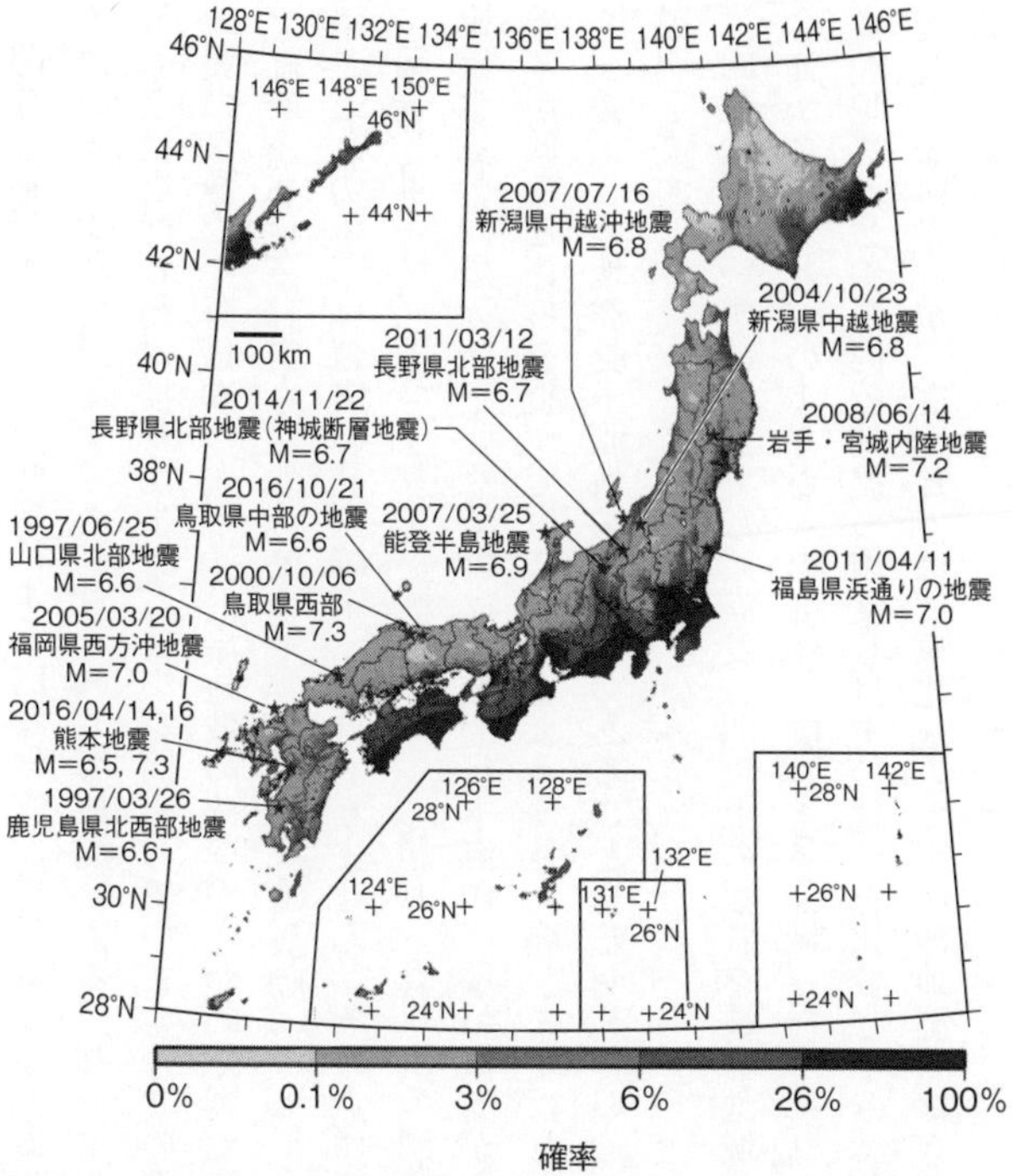

図5-2　今後30年間に震度6弱以上の揺れに見舞われる確率（地震調査研究推進本部、2016）**と、1996年以降に発生したM6.5以上の内陸地震**

図5-2の場合は、活断層による内陸地震だけではなく、海溝型地震やその他のタイプの地震もすべて含まれています。これらすべての地震による影響を重ね合わせて、今後30年間に少なくとも1回震度6弱の揺れが生じる確率を図示しています。この図では、南海トラフ沿いの海溝型地震の影響で、西日本の太平洋沿岸地域の確率がきわめて高く表示されています。

確率論的地震動予測地図は、あくまでも「地震動が、ある一定震度を超える確率（超過確率）」であって、「地震の発生確率」ではありません。その点に注意が必要です。

図5-2には、1996年以降に発生したM6・5以上の内陸地震を重ねてみました。単純に比較すると、最近発生した地震は比較的日本海側に多い傾向があります。地震ハザードマップの確率が低いところを狙って生じているようにさえ感じます。しかし、このような比較は正しくなく、必ずしも地震動予測地図が無能であることを証明しているわけではありません。その理由を説明します。

内陸地震がいかに強烈でも、震度6弱以上の揺れを被る地域はきわめて限られます。日本地図全体からすると点のようなものです。図5-3では、海溝型巨大地震の典型である東北地方太平洋沖地震と2つの内陸地震の震度6以上の地域を比較してみました。震度7で比較すると面積は変わらないですが、震度6では、東北地方太平洋沖地震ではきわめて広範囲に及ぶことがわかります。

したがって、いかに多くの内陸地震が**図5-2**の低確率地域に発生しても、相模トラフから南海トラフで発生する巨大地震にはまったく適《かな》わないわけなのです。もし今後30年以内に南海トラフ巨大地震が起きると、伊豆半島から四国の太平洋沿岸地域はすべて震度6以上の揺れに見舞われます。そうすると、ハザードマップが「当たった」ということになるのです。

本書で注目している内陸地震の危険度はどうなのでしょうか。**図5-4**が内陸と沿岸域の活断層だけを考慮したハザードマップです。この図は地震本部が公表している報告書から抜き出した

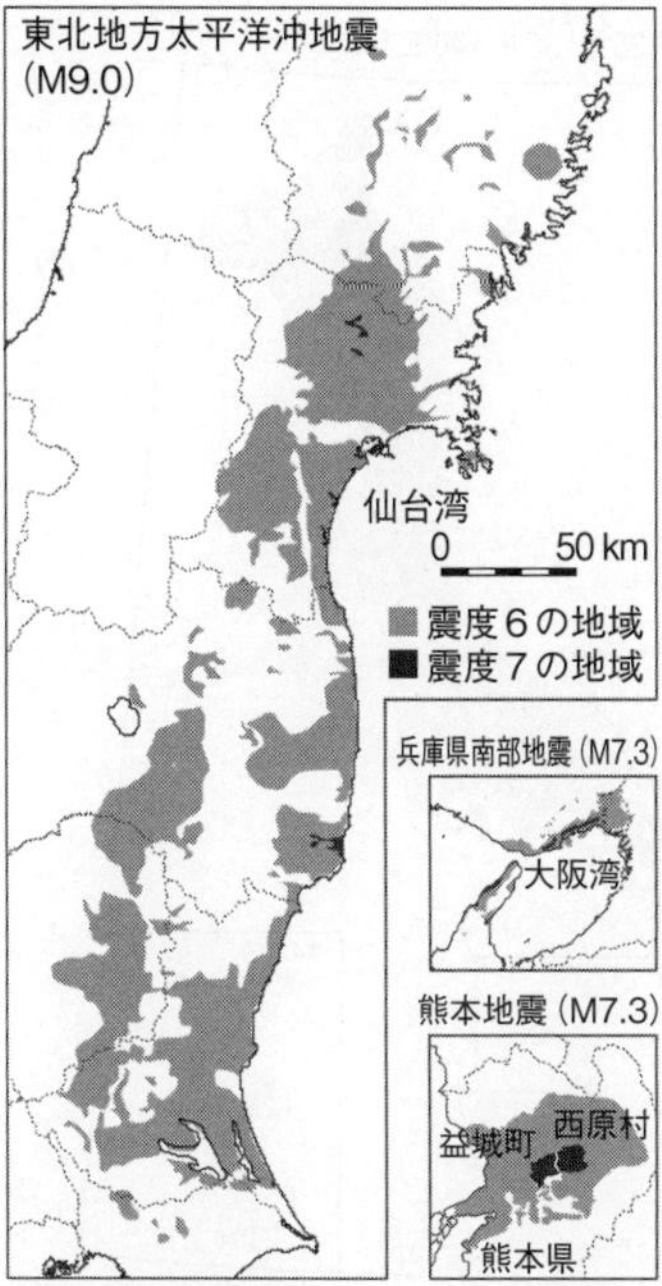

図5-3　海溝型巨大地震と内陸地震の強震動域の比較
熊本地震は震度7の広がりがいまだにわかっていないので、震度7を計測した益城町と西原村を塗りつぶしている。

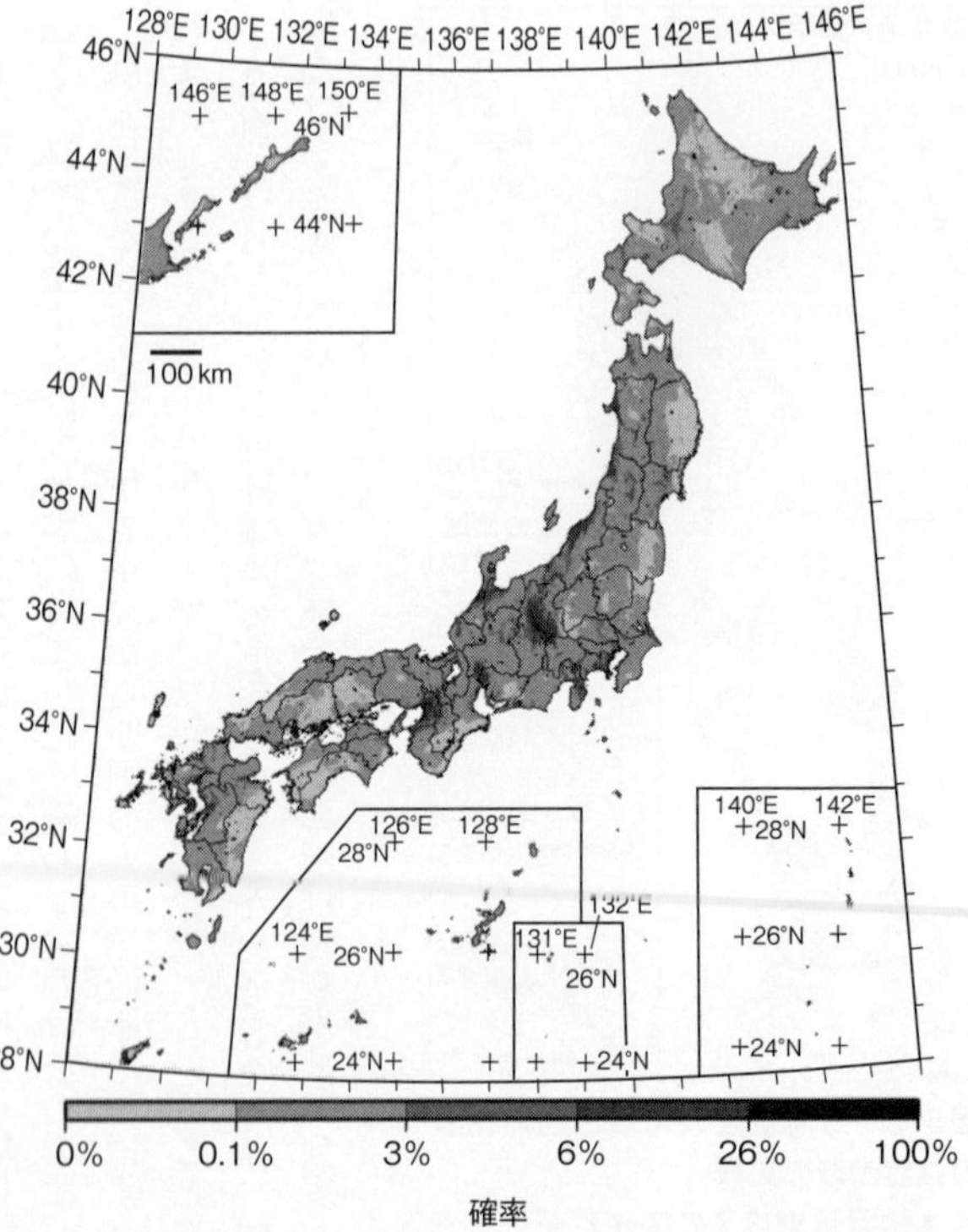

図5-4　活断層など陸域と海域の浅い地震によって今後30年間に震度6弱以上の揺れに見舞われる確率（地震調査研究推進本部、2016）

ものです。この図は、ポスターなどにもなっている**図5-2**と違い、国民の目に触れることはほとんどありません。**図5-4**の印象は、**図5-2**とまったく違うと思います。内陸地震による強い揺れの確率は、東北日本海側や北陸、長野、名古屋、近畿、九州北西部で高く、**図5-2**を反転させたような感じです。この図であれば、最近発生した内陸地震の分布（図5-2の星印）との対応も悪くはありません。

このように地震タイプ別のハザードマップも公表されています。そのことを知っておくとよいでしょう。

シナリオ地震で被害想定

これまで説明した地震動予測地図は、すべての震源を考慮して強震動の発生確率分布を表示したものでした。これとは別に、発生確率はさておき、ある特定の活断層が動いた場合、その周辺地域でどのような強い揺れの分布になるかを予測したハザードマップも公表されています。正確な名称は、「震源断層を特定した地震動予測地図」といいます。本書では、簡単にシナリオ地震と呼びます。被害想定や危機管理計画に関しては、地震動予測地図よりも、このシナリオ地震が用いられます。

シナリオ地震の作成過程では、より現実的で詳細な震源断層モデルを作成します。断層のどこ

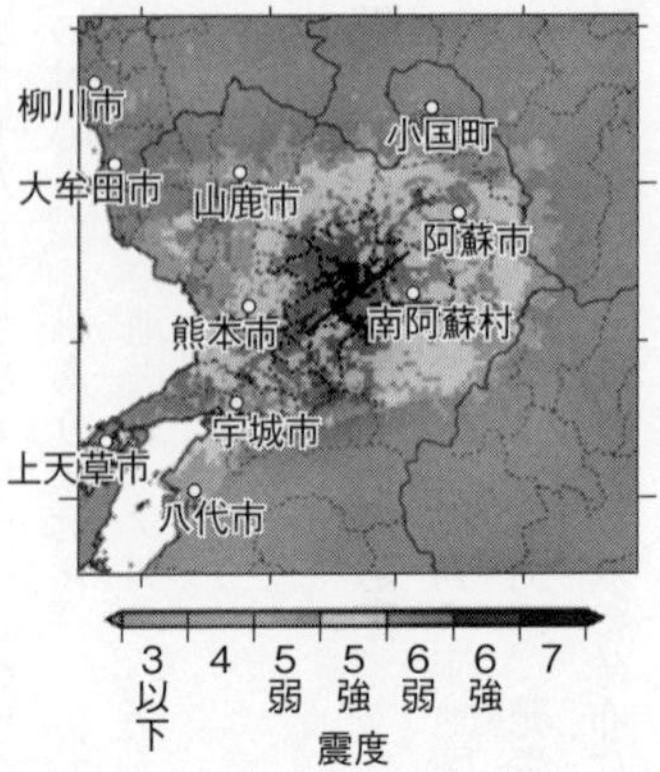

図5-5　布田川断層帯布田川区間（本書の布田川断層）による予測震度
（地震調査研究推進本部、2013）

でずれが始まり（破壊開始点）、どのように破壊が進展し、どの部分がとくに大きくすべるか（アスペリティと呼ぶ）などで、震度分布が大きく異なります。また、断層の長さも多様に設定する場合もあり、1つの断層・断層帯で複数の地震シナリオが公表されています。

たとえば、**図5-5**は布田川断層帯布田川区間（本書で布田川断層として説明してきた部分）が動いた場合の震度予測図です。これは熊本地震前の2013年に公表されたものです。これは熊本でこのような地震動予測図が存在したこと自体、多くの方が知らなかったと思います。

残念ながら熊本地震の場合は震度を過小に評価していました。布田川断層による予測規模M7・0が、実際のM7・3よりも小さかったこと、地表の地盤増幅率が低く設定されていたことがその理由と考えられます。

増幅率は実際のボーリング調査などのデータを使っているわけではありません。地盤増幅率と地形との相関が良いことを利用して、地形データから推定しています。そのため、厚い火山性堆積物からなる熊本の地盤の特徴を、適切に反映できていなかったものと思われます。

活断層をあらかじめ避けることは可能か――断層変位ハザード

活断層が動いたことによる災害は、これまで述べてきたように、大半は地震の揺れによるものです。しかし、被害全体のうちのごくわずかですが、断層のずれ（変位）による影響も無視できません（**図2-7**）。地震動によるハザードと区別して「断層変位ハザード」と呼びます。被害は活断層上のきわめて狭い範囲に限られますが、毎回、地震断層をともなう内陸地震で報告されています。最近の熊本地震でも被害が報告されています（第６章で後述）。

このうち、最近の顕著な例は、１９９９年9月21日に台湾中部で発生した集集《チチ》地震（Ｍ７・６）が挙げられます。この地震では南北に約95キロメートルにわたって地震断層が出現し、最大11メートルの上下変位が観察されました。

被害は甚大で２４１５名の命が失われ、５万棟以上の建物が倒壊しました。これらのほとんどは地震動によるものですが、地震断層沿いでも多くの建物が損壊し、ライフラインにも甚大な被

図5-6　1999年台湾集集地震で地震断層によって破壊された石岡ダム。写真中央で洪水吐ゲートが上下に7.5メートル食い違う（写真提供：井上大榮）

害が出ました。とくに、地震断層の北端に位置する石岡ダム（貯水量270万立方メートルのコンクリートダム）は断層のずれの直撃を受け、ダム本体の右岸側に約7．5メートルの段差が生じ（**図5-6**）、決壊に至りました。幸いにもダム堤体全体の破壊は起こらず、大きな被害には至りませんでした。

したがって、たとえ地震動が増幅しない堅硬な岩盤に建物を建てても、真下で大きな変位が発生すれば、倒壊に至る場合もあります。将来、いかなる揺れにも持ちこたえる建物ができても、断層変位に逆らうのは容易ではありません。

そのような断層変位ハザードから逃れる確実な方法は、活断層の直上を避けることです。活断層の分布は、さまざまな出版物やマップとして公表されています。活断層分布図は、基本的には第3章で紹介したように空中写真を用いた断層変位地形の判読や現地調査に基づいて推定・作図されています。なかにはトレンチや露頭などで、位置や動きが確実に押さえられている活断層もありますが、推定活断層が圧倒的に多いのが事実です。ここで、この「推定」に関して2つ知っておいてほしいことがあります。

1つは活断層の「確実度」というものです。活断層の存在の確からしさのことで、図示はされているけれども、本当に存在するのかどうか、という視点です。『新編 日本の活断層』(活断層研究会編、1991)では、この確実度を3つのランクに分けて図示しています。基準は、断層変位地形がどの程度多くみられるか、それらのずれの向きに整合性があるか、古い地形ほど断層変位が大きいか(変位累積)、第四紀の地層を切る断層露頭があるかどうか、などです。ランクの低い断層は、推定断層として示しています。実際に地形の判読作業を始めると、活断層にすべきかどうか悩んでしまう場合が多いのです。

もう1つの問題点は、断層位置の精度です。断層地形を見いだすために用いる空中写真の縮尺は、2万分の1や4万分の1です。また、通常作業する地形図は2万5000分の1の国土地理院地形図です。これ以上の縮尺での精度はありません。ましてや成果物として刊行する段階で小縮尺にそろえます。たとえば『新編 日本の活断層』のカタログマップには、断層線は5万分の

1縮尺の地図に0・7ミリメートル程度の線として引かれています。この線の太さは実際には35メートルにも相当します。本来の位置の不確実さも考慮すると、この倍程度は見ておかなければなりません。70メートルとしても、戸建て住宅が5軒ほど入る幅になります。

また、断層は必ずしも連続せず、飛び飛びで分布する場合もあります。さらに、数十メートル以上の幅で地面がたわんだり（撓曲）、傾いたりと、断層を線として表しにくい場合もあります。最近では、「都市圏活断層図」（国土地理院のサイトから閲覧できます）など、もう少し大縮尺で拡大可能なマップもありますが、それでも地形判読に用いた空中写真の精度や、人工改変などの影響もあるので、数十メートルの誤差は避けられません。

活断層法

このような活断層の変位ハザードを避けるよう法規制化している地域もあります。

米国カリフォルニアでは、サンアンドレアス断層という大断層が1000キロメートル以上にわたって縦断しています。サンアンドレアス断層は、場所ごとに動きが異なり、常時ゆっくりと動いている区間（クリープ）もあれば、20年程度の間隔でM6の地震を起こす区間、200〜300年間隔でM8の地震を起こす区間などがあります。いずれにしても数千〜数万年間隔で動く日本の活断層の10〜100倍以上の頻度で動きます。断層を避けることはきわめて重要です。

そのため、カリフォルニア州では一般に活断層法と呼ばれる州条例が、1972年に制定されました。後のレーガン大統領がカリフォルニア州知事だった時代のことです。この条例では、活断層から片側50フィート（約15メートル）に新しく建物を建てることを禁止するとともに、活断層から片側500フィート（約150メートル）の範囲の地質調査を実施して活断層がないことを確認しなければなりません。

ニュージーランドでも、2004年に政府が活断層指針（活断層上と近傍の土地開発計画のためのガイドライン）を打ち出しました。この指針は自治体の都市計画や防災担当者らを支援し、断層変位による被害の回避・軽減をめざすものです。カリフォルニア州のように厳しいものではなく、より協議・調整的な資源同意という制度を通じて、活断層の特性や建物の用途や構造、現場の市街化の動向に柔軟に対応するというものです（増田・村山、2006）。活断層の確実性や活動クラスによって、リスクレベルを設定しているのも特徴です。

日本では、徳島県が2013年に、中央構造線活断層帯沿いに「特定活断層調査区域」を設定する条例を制定しました。この「特定活断層調査区域」とは、同地域内で学校や病院、火薬・石油類など危険物を貯蔵する施設の新築を行う場合に、事業者は活断層調査を実施し、直上を避けて建築しなければならないとする区域です。中央構造線活断層帯沿いの幅40メートルにわたって指定されており、5000分の1で詳細図が示されています。その中には、条例対象区域以外にも、活断層の調査を推奨する区域が同時に指定されています。日本版の活断層法です。
私は、日本での活断層法の適用は現実的ではないと考えています。線分布としての活断層に注目が集まり、少しでも断層から離れていれば安全といった誤解が生じるからです。かえって、地震ハザードのほうが蔑ろにされる可能性があります。

日本列島には前述のように、2000以上もの活断層が分布します。これらのほとんどは、数千~数万年間隔で動くものです。ある特定の活断層が、今後数十年程度の間にずれ動く確率はきわめて小さいといえます。また、前述のように、断層分布位置の精度や確実性の問題もあります。カリフォルニア州の活断層はクリープ現象をともなったり、数十年に一度動くなど、活動的な断層が多いので、動く確率は高いといえます。また、断層の位置が明確なものが多いのも特徴です。断層の数も日本ほど多くなく、分布密度も高くありません。ただでさえ国土が狭い日本国ですから、カリフォルニア同様の規制を行うと、居住可能な場所がさらに狭くなります。

ただし、できるだけ詳細な活断層図を住民に周知する努力は必要です。また、中央構造線活断層帯など、A級活断層で断層の位置が精度よくわかっている場合には、人々が集まる学校や病院、高層ビルなどの建物や重要構造物を規制するという徳島県のような条例があってもよいと思います。前述のニュージーランドのガイドラインが参考になるかもしれません。

新幹線と活断層

このようにリスクレベルに合わせた回避の考え方は重要で、非常に活動的な活断層であれば、重要構造物は避けて作るに越したことはありません。家屋やビルなどの一般構造物は、あらかじめ断層位置が判明していれば、避けることは可能です。しかし、道路や鉄道など、長距離で連続する線状構造物が断層を避けることはほぼ不可能です。

このような線状構造物には、リスクレベルに合わせた対策が考えられます。総延長距離約３４００キロメートルの新幹線は、多数の活断層を横切ります。芝浦工業大学の岡本敏郎教授らによると、新幹線と活断層が交わる地点は少なくとも62ヵ所もあるといいます。そのうち、ごくわずかですが、対策がとられている例もあります。

有名な例は、山陽新幹線の新神戸駅の断層変位対策です。１９７０年の新神戸駅建設現場で六甲－淡路島断層帯の諏訪山断層の断層面が現れました。六甲山を構成する花崗岩と、生田川の河床礫が接している活断層でした。この対策として、断層を挟んで山側と海側で動きが違っても破壊されないように、それぞれ別々の基礎と橋脚で支えるように設計変更しました。

また、富士川河口断層帯の入山瀬《いりやませ》断層が横切る東海道新幹線富士川橋梁でも、断層変位による落橋防止のために橋脚の桁座を拡張しています。

このような線状構造物への断層変位対策が実際に功を奏した例もあります。

米国アラスカ州南部では、1000キロメートル以上の長さの第一級の活断層であるデナリ断層が東西方向に分布します。このデナリ断層を横切るように、南北にアラスカ縦断原油パイプラインが横切っています。このパイプラインは、北極海沿岸の油田からアラスカ湾内の基地へと原油を送るもので、パイプの直径が1・2メートルの地上高架式です。

1977年に完成したものですが、この建設前の調査の際に、米国地質調査所(USGS)や地質コンサルタントによってデナリ断層の危険性が指摘されました。しかし、パイプラインも線状構造物なので断層を避けることができません。

デナリ断層を詳しく調査した結果、地震が起これば水平方向に6メートル、上下方向に1・5メートル程度の変位が生じる可能性があることがわかりました。その対策として、パイプの下に可動式のレールを置き、地面が動いた際にパイプがスライドしてずれが直接伝わらないようにするとともに、断層帯部分ではパイプの長さに余裕を持たせ、柔軟に曲がるように設計していました(**図5-7**)。

そして、完成から25年後の2002年にM7・9のデナリ断層地震が発生し、デナリ断層の約300キロメートル区間が平均で5メートルの右横ずれを起こしました。パイプラインの地点では約4メートルのずれが生じましたが、前述の対策のため無傷ですみました。パイプラインの破壊による経済損失と環境破壊は計り知れません。米国地質調査所によると、「1970年代に行

図5-7　デナリ断層を横切るアラスカ縦断原油パイプライン
（USGSのウェブサイトより）

ったわずか300万ドルの投資によって、今日の1億ドル以上の損失を防ぐことができた」と綴っています。

明らかになりつつある地震断層の複雑性

基本的に、地震断層は地下の震源断層が地表まで延びたものなのですが、断層が地表に向かって2条、3条と複数に分かれることもあります。また、地図で見た場合にも、末端が枝分かれすることがあります。これらは震源断層と直接関係するという意味で、主断層ともいいます。

一方で、震源断層とつながっていない可能性が高く、地震にともなって副次的に形成された断層を副断層といいます。このように、一言に地震断層といっても、主役の断層、脇

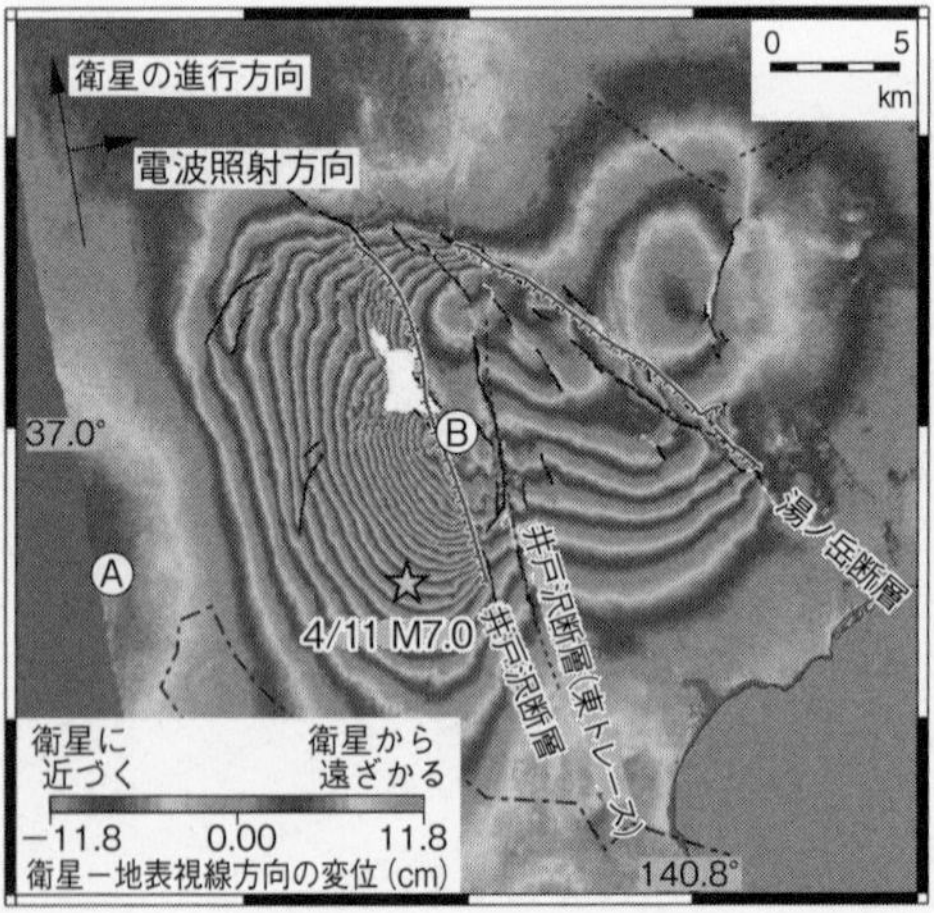

図5-8　干渉合成開口レーダー解析によって検出された2011年福島県浜通りの地震（M7.0）の地震断層と現地踏査によってマッピングされた地震断層
（干渉合成開口レーダー画像はFukushimaほか、2013、地震断層は堤・遠田、2013による）

役の断層という意味で、主断層、副断層という用語で分類することもあります。断層変位ハザードを予測する立場からは、この副断層が厄介なのです。

図5-8に一例を示します。この図は、干渉合成開口レーダー（InSAR）という技術で捉えられた2011年4月11日福島県浜通りの地震の地殻変動です。InSARとは、人工衛星から発せられたマイクロ波が地上で反射して衛星に戻ってくる原理を使って、広範囲の地面の変動を把握する技術です。大地震発生前と発生後のデータを比べることで、地震による地殻変動の広がりを

面的に捉えることができます。

福島県浜通りの地震では、井戸沢《いとざわ》断層と湯ノ岳《ゆのだけ》断層沿いに、それぞれ約15キロメートルにわたって断層が現れました（第2章にも前掲）。地表で計測された最大のずれ（変位）は、井戸沢断層の中央部で2・1メートルでした。このInSARの技術を用いると、現地を歩くことなく、衛星解析画像から断層のずれの量を縞模様の数として読み取ることができます。

まず、図面の左下端くらいにあるA地点を見てください。井戸沢断層からかなり遠方です。ここは地震時の動きはほぼゼロです。次に、ここから断層中央部のB地点に向かって、縞の数を数えてください。縞が19枚あります。1つの縞が約12センチメートルの動きに相当するので、B地点の大地の動きは12センチメートル×19≒2・3メートルとなります。これは、現地計測の2・1メートルとほぼ同じです。現地調査ができなかった断層沿いも、この方法で動きを読み取ることができます。この図は、実際はカラーで示され、色の変化のパターンを見ることで、衛星から近づくか遠ざかるかといった地面の動きの向きもわかります。

本題に戻りましょう。ここで注目してほしいのは、このような顕著な動きではありません。まず井戸沢断層（東トレース）沿いを見てください。じつは井戸沢断層は地震前には2条の断層として認識されていました。東側の断層も同じく活断層ですが、現地調査ではずれは確認されていませんでした。

しかし、この画像をよく見ると、縞模様の食い違いが見えます。現地調査では気付かないほどの数センチメートルくらいですが、断層沿いでずれが生じているのです。また、同様に湯ノ岳断層の約1キロメートル西側にも、並走するように縞模様の食い違いがわかります。図に実線で記しました。その他にも多数の小さな食い違いが見られます。これらが副断層なのです。

このように、衛星測地技術の発達により、踏査と肉眼では発見が難しい小さな変位まで検出されるようになり、地震断層の分布の複雑さが明らかになってきました。

地震を引き起こした主断層だけではなく、その周辺数キロメートル以上にわたって小断層が現れることは、熊本地震などでも確認されています。たとえば、2007年新潟県中越沖地震では、震源から約15キロメートルも南南東に位置する西山丘陵で、最大約30センチメートルの隆起が捉えられました。本震による歪みの変化によって、深さ1キロメートルよりも浅い部分で滑りが誘発されたと解釈されています。

このような地表付近で誘発される断層すべりは、米国カリフォルニア州のサンアンドレアス断層とその周辺でも多数報告されています。震源から100キロメートル以上離れた場所でも数センチメートル程度の滑りが生じる例もあります。これらは、地震の揺れによって誘発されたと解釈されています。

原子力発電所と活断層

最も安全性が担保されなければならない大型重要構造物が、原子力発電所です。発電所立地の際には、第3章で触れたように「発電用原子炉施設に関する耐震設計審査指針」に基づいて、敷地内と周辺半径30キロメートル内の活断層が徹底的に調査されます。その後、これらの活断層や歴史地震に基づいて「基準地震動」という最大の揺れが策定され、これに耐えうる設計を施さなければ立地が許可されません。

断層変位に関しても厳しいルールが定められています。指針では、「重要な安全機能を有する施設は、将来活動する可能性のある断層等の露頭がないことを確認した地盤に設置すること」と明記されています。大地震を起こす明瞭な活断層は、前記の地震動策定の際にすべて抽出されるのですが、小規模で発見されにくい活断層が厄介なのです。とくに、2012年以降に問題になりマスコミをにぎわせたのは、発電所敷地内にある破砕帯や小断層です。

破砕帯とは、本来の岩盤が角礫もしくは粘土状に粉砕・破断された部分が帯状に分布するものをいいます。その幅は数センチメートルから数メートル程度が多いのですが、大断層では数百メートル以上におよびます。原因は断層運動や熱水活動・風化作用などですが、地質時代の新旧を問いません。

最初に破砕帯という言葉が世間を騒がせたのが、2012年4月の日本原子力発電株式会社敦賀発電所の旧原子力安全・保安院による現地意見聴取会においてです。同発電所の敷地直下には、数十条もの破砕帯が存在しています。当初、これらは新第三紀中新世（約2300万〜500万年前）に形成されたもので、第四紀後期の動きはないと評価されてきました。しかし、同発電所敷地の近傍には浦底断層という活断層が存在します。そのため、破砕帯の一部が浦底断層に影響されて動くのではないかという懸念が浮かび上がり、その後大規模な追加調査が実施されました。この敷地内破砕帯問題については、当時再稼働直前の関西電力大飯発電所をはじめ、北陸電力志賀発電所、東北電力東通発電所などでも、その後、地形・地質の専門家による会合が行われ、審議が継続されてきました。

図5-9を見てください。①に示すように、震源断層から延びる主断層が原子炉建屋を直撃することは論外です。これは建設前の建屋直下の岩盤調査でわかります。問題は、上記の破砕帯や小断層が副断層として動いているのではないかという点です（②）。さらには、強い地震動で地表付近だけに限定される小断層（弱面）の小さな動きが誘発されないかどうか（③）、といったところまで厳密に審査されているのです。

なぜ既設の発電所が今になって再度審査されているのでしょうか。それは、東北地方太平洋沖地震による福島第一原子力発電所災害を受けて、再稼働へ向けての審査がより厳しくなったためです。

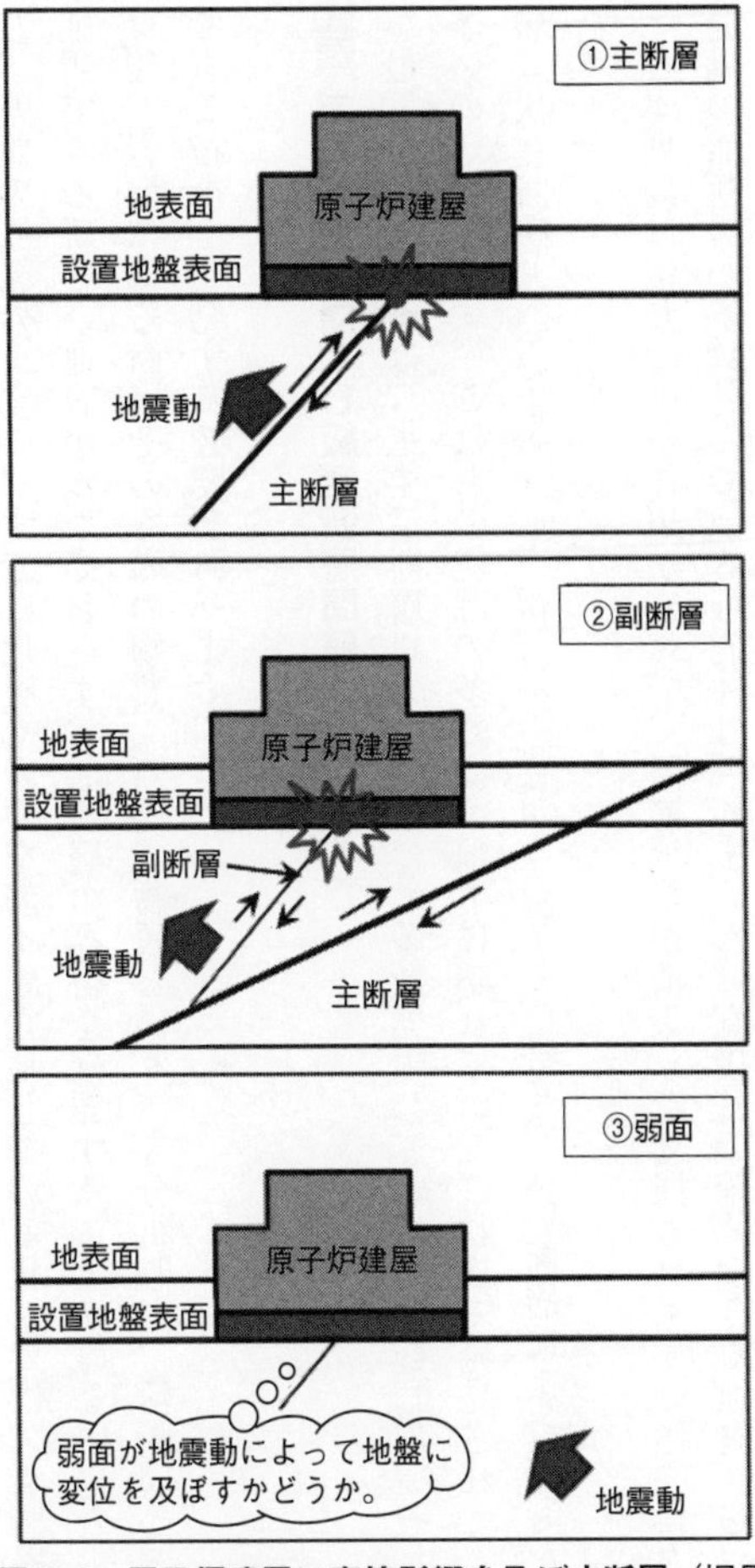

図5-9　原子炉建屋に直接影響を及ぼす断層（旧原子力安全・保安院資料より）

前述のように、地震断層の分布は意外に複雑で、変位は小さいとはいえ、かなり広域に広がることもあります。そのため、時間をかけてデータを集め慎重に評価することが重要です。しかし、既設の原発のように、すでに地層や岩盤を削って立地している状態では、活断層かどうかを証明できる新しい地層が残っておらず、活断層の存否を確認することが難しい場合もあります。今後、岩盤にある断層そのものの物質（断層内物質という）を分析して、活断層かどうかを判断できる技術を開発する必要があります。

未知の活断層とC級活断層問題

最近の被害地震は、主要活断層以外の地域でも多数発生しています。むしろ、そちらのほうが多いのが現実です。これらの震源の多くは、地下に隠れていてこれまで発見されてこなかった断層（伏在《ふくざい》断層といいます）や、数万年間隔で活動する動きの遅い断層によってもたらされました。

日本列島は侵食や堆積作用が盛んで、断層地形が消失したり埋もれやすい傾向にあります。未発見の活断層が多数潜んでいる可能性は否めません。直接目で確認できる地震断層や主要な活断層は、研究者にとっても国民にとってもきわめてわかりやすいものです。そのため、活断層調査がすべて内陸地震の予知・予測につながるという誤解を招いてきたようです。

もう一度**表2-1**を見てください。じつは、震源断層の把握につながる地震断層の出現率、つまり、明確な長さを持った地震断層は、M6・5以上で約2割、M7・0以上で半分程度にとどまります。「地震断層の変位の累積＝活断層」と仮定すると、主要な活断層だけを取り上げることは、日本全体として発生確率を著しく低く見積もってしまうことにつながるのです。

このような伏在断層の問題は、兵庫県南部地震以前からすでに指摘されていました。「C級活断層問題」ともいいます。

第3章の復習になりますが、日本列島に分布する活断層は、その活動度により、A・B・Cの3つのクラスに分けられています。1000年あたりの平均変位速度をもとに、A級活断層は1メートル以上、B級活断層は0・1メートル以上1メートル未満、C級活断層は0・01メートル以上0・1メートル未満、としています。地震断層を生じるような地震では、1メートル以上の変位があるので、単純にその活動間隔はA級で1000年に1回、B級で1万年に1回、C級で10万年に1回程度となります。

さて、ここからが問題となる部分です。最近100年ほどの活断層による地震ではA、B、Cいずれのクラスでも活断層による地震が同数でした。ということは、C級活断層はA級活断層の100倍存在しなければ説明できない、ということになります。なぞなぞのような説明になりましたが、理解できたでしょうか。

実際はどうなのでしょうか。活断層カタログとして使われている『新編　日本の活断層』には、断層総数2289断層のうち、A級活断層は全体の4％、B級活断層は39％、C級活断層は29％、活動度不明の活断層が28％の割合で区分されています。B級活断層はA級活断層の10倍程度見いだされていますが、C級活断層はB級よりも若干数が少ないことがわかります。このことから、未発見のC級活断層が地下に多数隠れているのでは、というわけです。

この伏在断層の問題は、日本だけのものではありません。20万人以上が亡くなったとされる2010年ハイチ地震（M7・0）や、2011年クライストチャーチ地震（M6・3）でも、震源断層は地表に達しませんでした。とくにハイチの首都ポルトープランスは、エンリキロ断層という主要活断層沿いに位置していましたが、同地震は別の断層の動きによって引き起こされました。残念ながら、主要な活断層の調査だけでは不十分なのかもしれません。

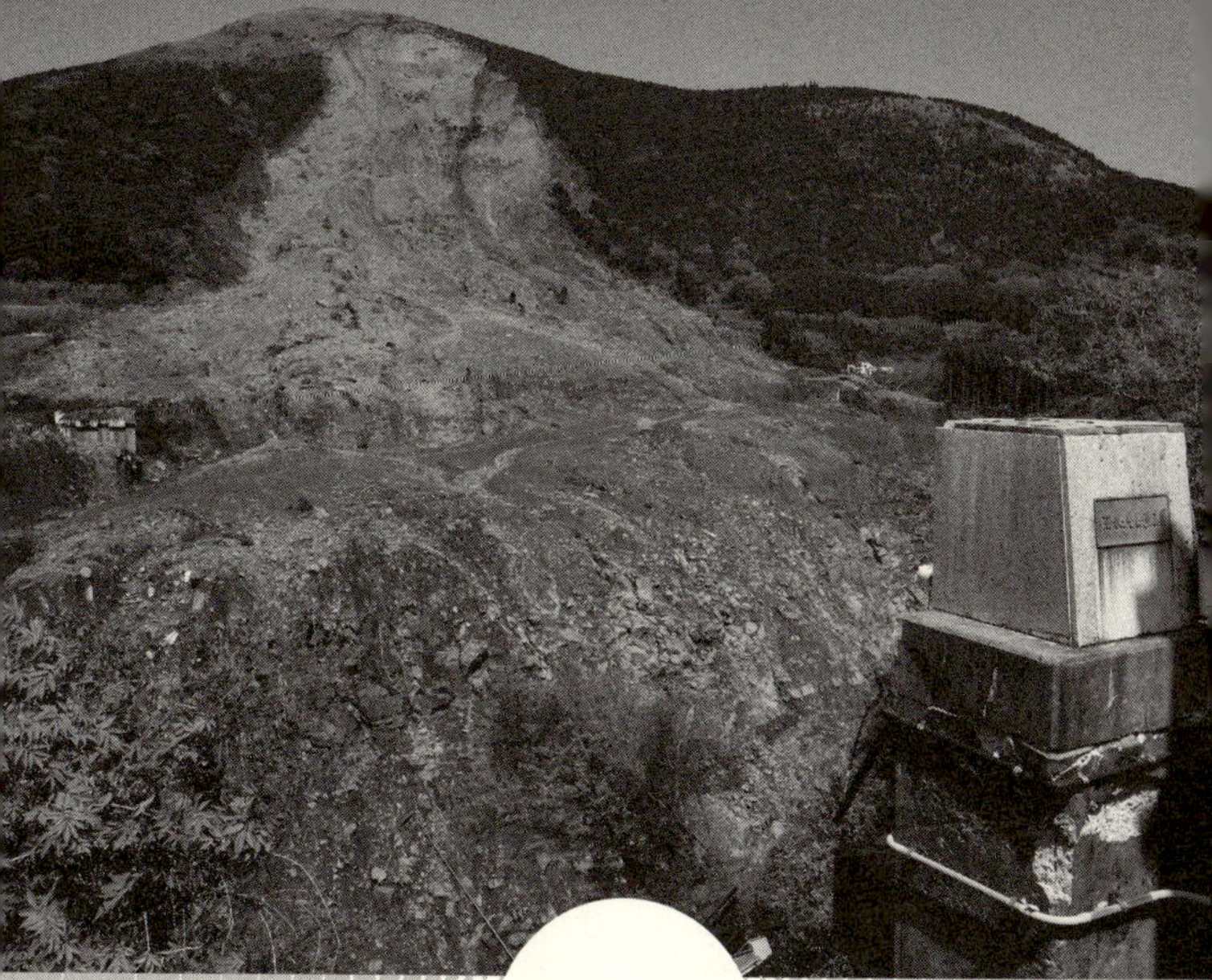

第6章

平成28年熊本地震はどのような地震だったのか

写真／熊本地震で発生した南阿蘇村の大規模斜面崩壊。地震前には対岸へ向かって阿蘇大橋（国道325号）が架かっていた。

主要活断層沿いで起きた2つ目の大地震

2016年（平成28年）4月14日午後9時26分、熊本市東部付近の地下11キロメートルを震源とするM6・5の地震が発生し、震度7の強烈な揺れが熊本県上益城郡益城町を襲いました。第2章で説明したように、M6・5という地震規模は地表に地震断層が現れるか際どい規模です。しかし、この地震は直後の余震分布や地震波の解析から、すぐに日奈久断層帯の北端部分が活動したことがわかりました。

そのため、翌日の15日には複数の調査チームが現地に向かい、日奈久断層帯の調査を行っています。彼らの報告では、断層沿いに若干の亀裂などは認められるものの、明瞭な地震断層が見当たらないということでした。

そして、日付が変わったばかりの4月16日未明の午前1時25分、最初の地震からほぼ28時間後に、14日M6・5地震の4・5キロメートル北を震央とするM7・3の地震が発生し、益城町を再び震度7の激震が襲いました（当初は地震計データの速報が入らず震度6強とされた）。また、西原村でも震度7、熊本市で震度6強、南阿蘇村でも震度6強を観測し、広範囲で建物の倒壊など甚大な被害が出ました（**図6-1**）。短時間に同じ地点で震度7が2回記録されたのは、観測史上初めてのことです。この地震では、布田川断層帯布田川区間（以下、布田川断層）と日奈久断層帯の北端が活動し、地表に長さ約30キロメートルの地震断層が出現しました。

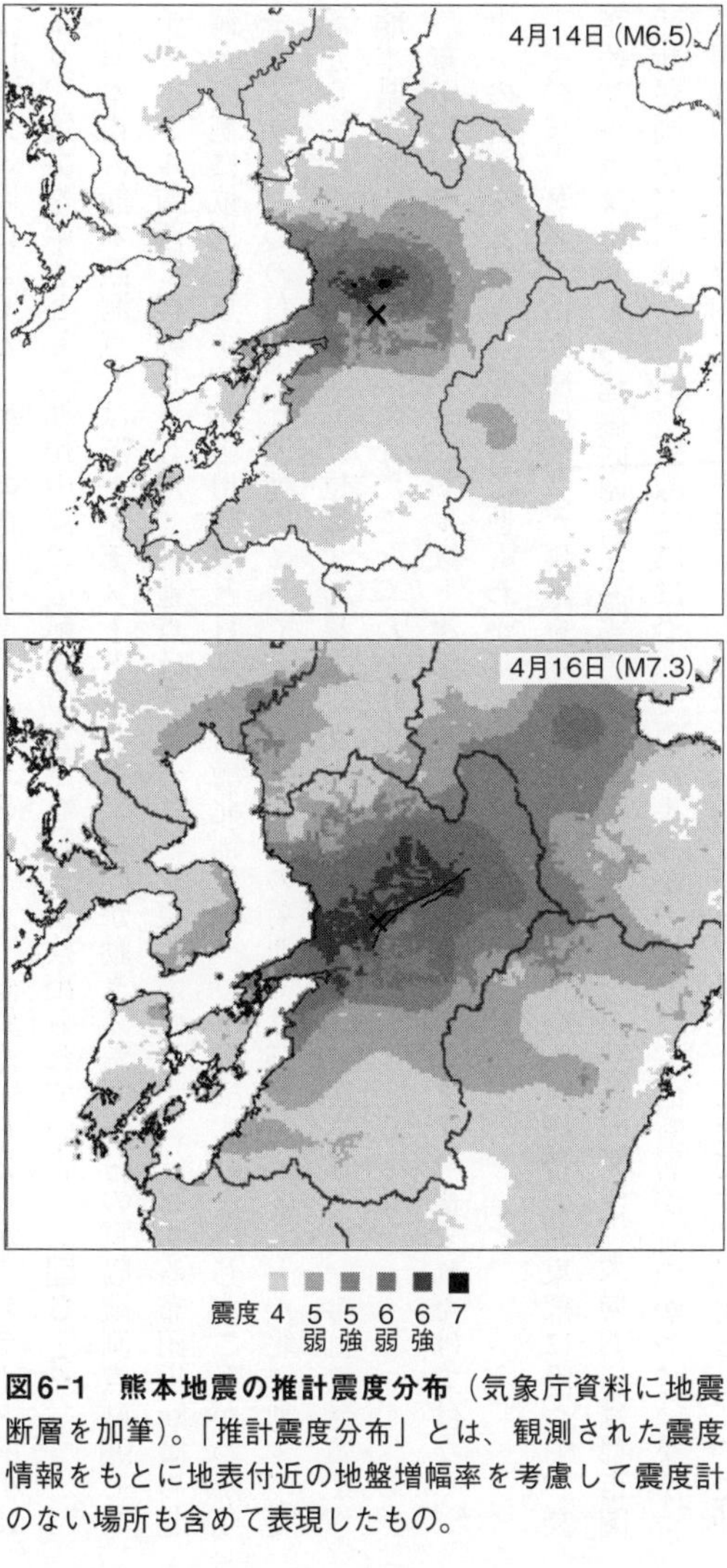

図6-1　熊本地震の推計震度分布（気象庁資料に地震断層を加筆）。「推計震度分布」とは、観測された震度情報をもとに地表付近の地盤増幅率を考慮して震度計のない場所も含めて表現したもの。

熊本地震による地殻変動と地震断層

国土地理院によると、地上の電子基準点(GPS)と人工衛星だいち2号からのデータ解析により、震央を中心として九州中部の広範囲で大きな動きが検出されています(図6-2)。

熊本市の熊本観測点では76センチメートル北東に地面が動き、南阿蘇村の長陽観測点は98センチメートル南西に移動しました。両地点はそれぞれ、北東-南西方向に分布する布田川断層の北側と南側に位置します。布田川断層と日奈久断層北部に沿って、右横ずれが生じたことがわかります。また、この右横ずれ運動によって、熊本県北部の菊池では45センチメートル北に動き、震源から約20キロメートル南に位置する泉では26センチメートル南に動きました。今回の地震で、熊本県が南北に引き延ばされたこともわかります。

布田川断層の北側が1メートル以上沈降する動きも指摘されています。横ずれだけではなく、上下の動きをともなっていたこともわかりました。

その後、著者ら活断層研究者が現地を歩き、布田川断層と日奈久断層帯の北東部に沿って、長さ約30キロメートルの地震断層帯を確認しました(図6-3)。地震断層は、大局的には都市圏活断層図などの既存の活断層線にほぼ沿って現れました。違いは、活断層が見つかっていなかった阿蘇のカルデラ内に、約5キロメートルにわたってさらに延びたことです。見落としていた活断層が動いたことになります。

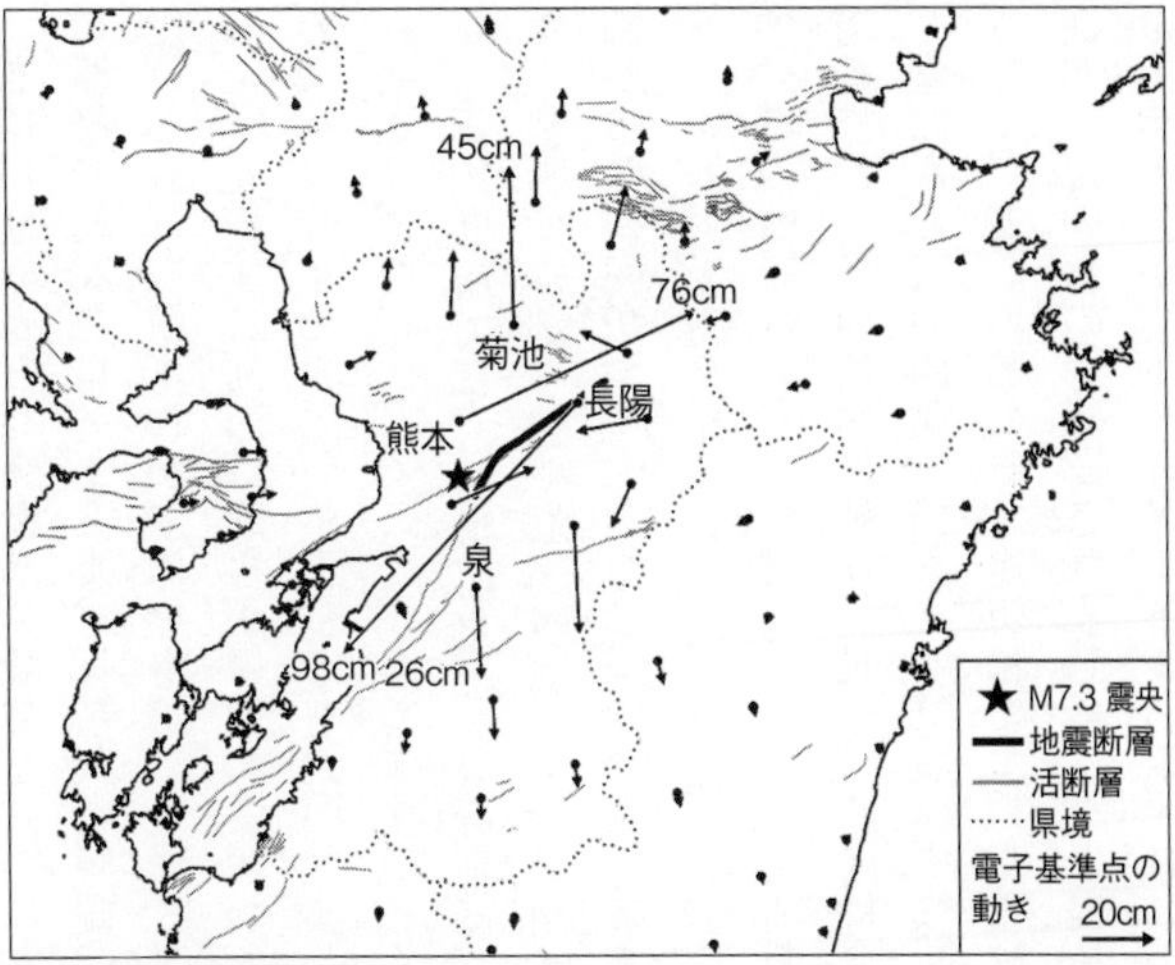

図6-2　熊本地震の地殻変動（電子基準点の水平変位、国土地理院による）

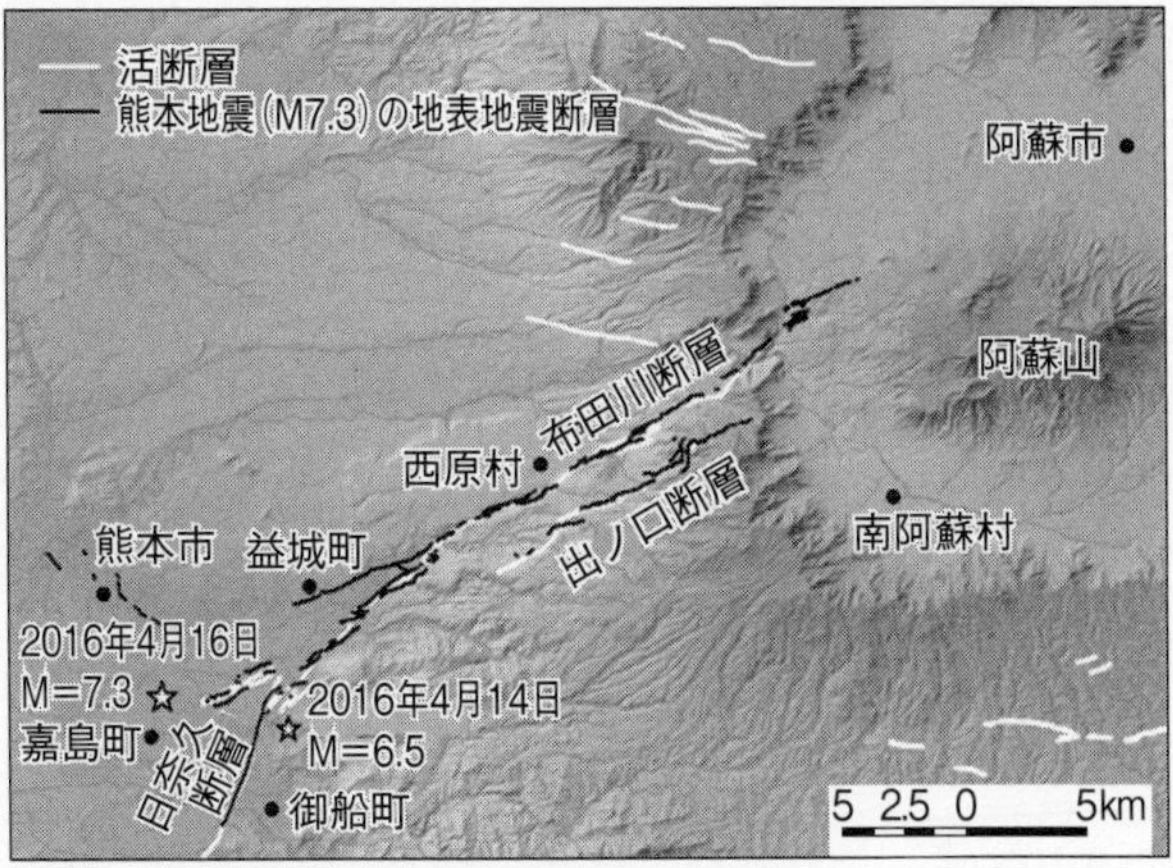

図6-3　熊本地震の地震断層の分布

布田川断層と日奈久断層の境界を厳密にどこに設定するかにもよりますが、熊本地震では布田川断層で約20キロメートル、日奈久断層側で約6キロメートルの区間で断層変位が確認されました。ともに右横ずれが主体ですが、一部区間では短い北西－南東走向の左横ずれ断層も見られました。左横ずれ断層は向きがほぼ90度変わるので、北東－南西走向の右横ずれ断層とともに×印のように分布します。第1章でも説明しましたが、これを共役断層といい、東西に地面が押されたときに同時に生じることがあります。とくに異常なことではありません。

布田川断層では、益城町東部の堂園《どうそん》地区で2メートルという最大の右横ずれが確認されました。堂園では畑の畦や畝が断層によって明瞭に食い違っています（図6－4上）。断層はこの堂園から西に向かって大きく2つに分岐します。北側の地震断層は、木山川周辺の水田に約4キロメートルにわたって現れました。西に向かって、被害の大きかった益城町の中心部まで延びます。この断層は「木山断層」という推定活断層沿いに現れました。一方、南側の地震断層は活断層線に沿って西南西に延び、日奈久断層に合流します。

堂園から東の西原村でも、明瞭な横ずれ断層が確認できます。しかし、益城町ほど連続性はよくなく、ところどころで途切れます。西原村では、大切畑ダムという農業用ダムの堤体を断層が横切っているのが確認されました。ダム堤体とその上にある県道28号線が断層で破壊され、センターラインが約1・5メートル右横ずれしていました。大切畑ダムは地震直後に決壊のおそれが

図6-4　熊本地震の地震断層　上）益城町堂園。中）南阿蘇村立野の南阿蘇鉄道線路。下）南阿蘇村の阿蘇大橋付近。

あると判断され、周辺住民に避難命令が出されました。当初はこの判断の理由がわかりませんでしたが、地震断層がダムを直撃したためでした。原子力発電所と同様、現在ではダムの立地に際しても活断層を避けることが求められています。しかし、どうやら大切畑ダムは指針設定前の昭和50年代に建設された古いダムだったようです。

この布田川断層沿いの地震断層は、西原村を抜け南阿蘇村へ続きます。南阿蘇村に入ってすぐの印象的な地点のひとつは、地震断層による南阿蘇鉄道のレールの曲がりです（図6-4中）。通常、道路のような人工構造物は断層で切断されるのですが、レールは切断されなかったようです。そのかわり、右横ずれ運動によって1メートル強曲げられ、その反動もあり、全体としてはS字状に変形しています。

さらに、大規模斜面崩壊で落橋した阿蘇大橋（本章扉写真）から国道325号線を隔てて反対側の水田にも、地震断層が現れました（図6-4下）。畦が約1メートル程度右横ずれしています。この地震断層は北東に向かって断続的に延び、東海大学阿蘇校舎、阿蘇ファームランドを横切り、南阿蘇村と阿蘇市の境界付近まで延びます。

一方で益城町から西に目を向けると、布田川断層から続く地震断層は、そのまま南西に向かって日奈久断層上へ連続します。活断層図に示された両断層の接合部はシャープな「くの字」ではありません。円弧を描いて連続します。断層変位地形を見ても、同様な円弧状の連続する地形があり、そもそも布田川断層と日奈久断層は一体であったことがわかります。

日奈久断層上の地震断層は、布田川断層と同様に右横ずれですが、相対的に変位量が小さく、最大でも60センチメートルです。ただし、出現した約5キロメートルの区間では、きわめて連続性がよいのが特徴です。変位量は南西に向かって徐々に減少し、御船町小坂ではわずか25センチメートル程度にまで減少します。断層変位が断層の末端に向かって衰えていくのが実感できます。

断続的に連なる断層

地震断層は地表ではどのように見えるのでしょうか。すでに第2章で説明したように、断層は必ずしも真っ直ぐではありません。連続するともかぎりません。

今回の熊本地震の地震断層の特徴は、とぎれとぎれに続くことです。その形が雁の群れに似ていることから、「雁行配列」と呼ばれます（**図6-5**）。とくに今回の場合は、「杉」の字の旁《つくり》に似ていることから、地質学用語で「杉型雁行配列」といいます。これは右横ずれ断層に特徴的に見られる配列です。全体の方向としては真っ直ぐですが、すべての小断層が全体の方向に対して時計回りに回転しているのが特徴です。

これが逆に左横ずれだと、反時計回りに回転し、カタカナの「ミ」の配列になります。「ミ型雁行配列」といいます。このような小クラックや小断層の雁行配列は、断層かそれとも単なる地割れかを区別する判断材料になります。山間部などで断層を横切る人工物などがない場合、この配列が断層追跡の鍵になります。また、畦や道路など変位基準がない場合でも、右横ずれか、左横ずれかを推定することができます。

横ずれ断層がこのような雁行配列をすると、横ずれの動きと配列の妙で、局所的に圧縮と引張が生じます。これによって、地面の盛り上がりや陥没が生じます（**図6-6、図2-2**ⓐ）。盛り上がった部分はモグラの這いずったような跡に似ていることから、モールトラック（mole track）と呼ばれます。陥没は、裂け目もしくはフィジャー（fissure）と呼ばれます。純粋な横ずれ断層でも地面が上下に動くことが、熊本地震の現場でも確認されました。

興味深いことに、このような雁行配列には階層性があります。いくつかの雁行状に配列する数十センチメートルのクラックや断層が、数メートルの長さで1つの断層帯を形成し（**図6-5**）、その断層帯自体がまた雁行配列をします。最終的には数キロメートルスケールでも杉型雁行配列が認められます（**図6-3**）。

この雁行配列の原因は何でしょうか。完全にわかっているわけではありませんが、数センチメートルから数十メートル規模の雁行配列は、地表付近の柔らかい地層や表土が影響していると考えられています。地下深部の岩盤中で断層が直線でも、柔らかい地層中ではその動きが直接地表

図6-5　地震断層の杉型雁行配列

図6-6　横ずれ断層によって作られたモールトラックと裂け目

まで伝わりにくくなります。そこで歪みの緩和が起こり、地面が圧縮されている向き（圧縮軸の向き）が回転します。これによって断層の向きが変わることが、理論計算や実験から確かめられています。

今回の被災地では、地表には脆いクロボク（有機質の火山灰起源の黒土）が数十センチメートル以上の厚さで分布しています。さらに阿蘇カルデラから流れ出た火砕流堆積物（火山灰と軽石）と、それらが再び河川で運ばれた堆積物が数十メートル以上の厚さで存在します。階層性をもつ杉型雁行配列の原因は、このような厚い堆積層にあるのかもしれません。一方で、数キロメートル規模の配列に関しては、岩盤中の構造や応力が関係していると思われ、地震の破壊過程にも影響をおよぼした可能性があります。

断層が現れる場所はどこまで予測できるか

今回の地震では、地震動による建物倒壊だけではなく、断層変位による道路や橋、建物など構造物の被害も多数生じています。第5章で解説した断層変位ハザードの問題は、熊本地震でも一部顕在化しました。

典型的なシーンが**図6-7**です。地震動には持ちこたえたものの、住宅の基礎にずれが生じ、倒壊もしくは傾き、歪みが生じました。熊本地震の場合は、幸いにも水平横ずれが主体で、上下

図6-7　断層変位によるアパートの倒壊（南阿蘇村河陽）

変位はそれほど顕著ではありませんでした。もしこれが逆断層など縦に大きな動きをともなうと、断層沿いの家屋倒壊はさらに酷いものになります。

このような断層変位による構造物被害は、事前に活断層分布を把握し、避けることで被害を防ぐことができます。

今回の地震断層の出現位置と変位量は、事前にどの程度予測できたのでしょうか。地震断層全域をこの本の1ページに収める程度に縮小表示すると（**図6-3**）、阿蘇カルデラ内の断層と益城町中心部へ延びる断層線を除き、ほぼ活断層の位置と地震断層は一致します。しかし、2万5000分の1地形図くらいのスケールまで拡大すると、多くの地点で位置がずれたり、分岐したり、異なった向きの断層が出現したりしていることがわかります（**図6-8**）。したがって、一部の明瞭な断層変位地形の部分を除いて、ピンポイ

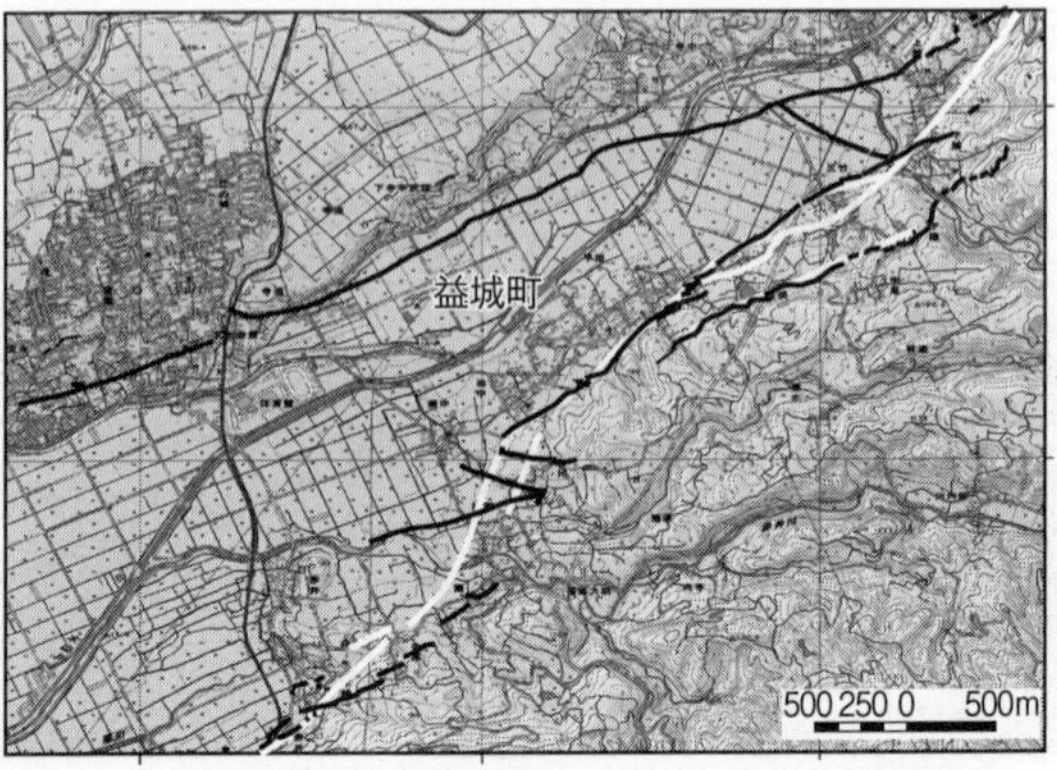

図6-8　布田川断層帯の活断層線（白線）と熊本地震の地震断層（黒線）

ントでの予測は難しいのが実状です。

西原村など山間部を歩くと、２万５０００分の１地形図に表れていない「微地形」といわれる数メートル以下の小崖や地形の盛り上がりに沿って断層が出現しているのがわかります。もし仮に第３章で説明したようなレーザー計測による精密な地形図があったならば、もっと多くの区間で地震断層の出現を予測できたかもしれません。

ただし、一般に平野部や市街地では都市開発による人工改変が進んでいて、現在では断層地形の跡形もありません。断層変位による構造物被害を減らすために、精度の高い活断層マップが必要なはずですが、構造物の多い都市部に近づくほど、地形が不明になるというジレンマを抱えています。

さらに、今回の熊本地震では、山間部で断層沿いに斜面崩壊が多く見られました。断層周辺に分布する脆いクロボクと火山性堆積物が、断層のずれによって不安定になり崩壊したと考えられます。これは熊本地震にかぎらず、多くの地震断層に共通する性質です。とくに、山間部の集落では地震動に加えて断層変位によっても斜面崩落があり、多数の住宅が全半壊している箇所も見受けられました。断層変位による被害予測に関しては第５章で説明しましたが、直上の変位だけではなく、今後は斜面の安定性も加えて検討する必要がありそうです。

九州は南北に引っ張られている

なぜ熊本で大地震が発生し、益城町で震度７を２回も観測することになったのでしょうか。その背景を考えるためには、まず九州地方での大地の動きを理解する必要があります。

第１章で説明したように、日本列島の多くの地域は、太平洋プレートとフィリピン海プレートという沈み込む２つの海洋プレートの動きで、内陸には東西もしくは北西－南東方向の圧縮を受けています。しかし、九州は例外的に、南北に引っ張られる力が働いています。とくに中部九州は、その引っ張り力が集中するゾーンに位置します。

しかも、和歌山から四国にかけて分布する活断層としての中央構造線の延長部が、伊予灘から別府湾にかけて延びています。基本的に中央構造線は右横ずれ断層ですが、別府湾に入ると東西方向の正断層帯に変わります。

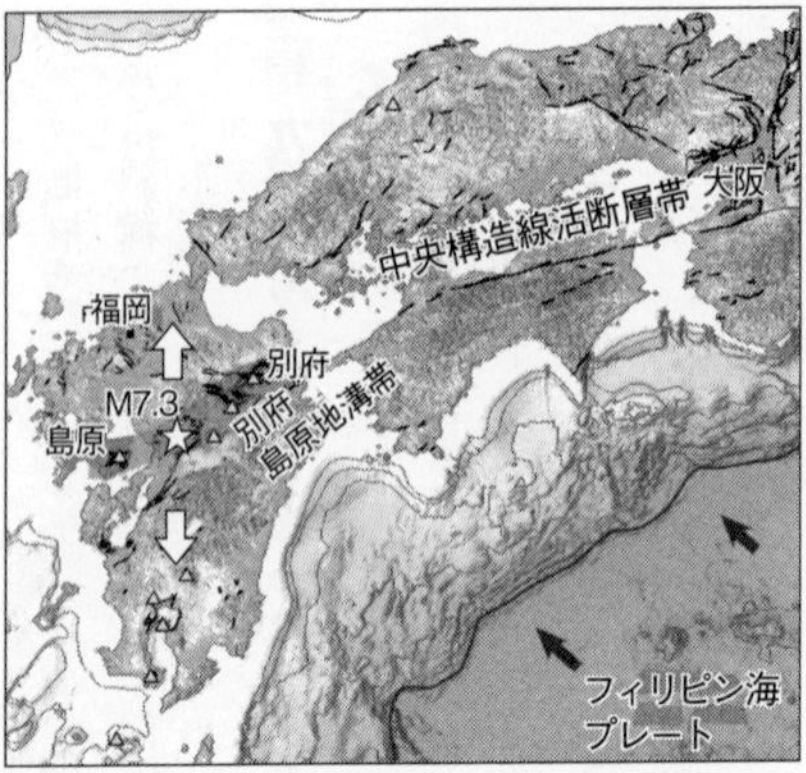

図6-9　南北に引っ張られる九州と別府－島原地溝帯

この別府湾から、大分市、由布市、九重町にかけて同様の正断層が多数発達し、熊本市を経て島原市へと続きます。この一帯を「別府－島原地溝帯」と呼んでいます。広い意味では筑紫平野の南部まで含みます（図6－9）。この地溝帯の北縁は福岡県南部の水縄《みのう》断層帯、佐賀平野北縁断層帯付近です。南縁は今回活動した布田川断層帯から日奈久断層帯になります。この部分はまさに四国から続く中央構造線同様の右横ずれの動きを継承しています。

この別府－島原地溝帯を形成する原動力はまだよくわかっていません。1つの説はフィリピン海プレートの変形が陸地にまで影響しているというものです。フィリピン海プレートは日向灘から九州に向かって沈み込んでいます。海洋プレートは陸地を押すのが普通なのですが、九州では、沈み込んだプレートは九州山地直下で大きく傾斜し、そのまま真っ直ぐ垂れ下がっているようです。つまり、九州の下に沈み込んだフィリピン海プレート自体が丸く曲がる変形を続けて、つられて宮崎県側が太平洋側に動き、熊本・佐賀・大分付近に大きな引っ張りの力が働くという考え方です。これをロールバック説といいます。

もう１つの説は、薩摩半島北西沖から天草、島原にかけて、沖縄トラフからの凹み状の地形が九州まで続くという説です。前記のロールバックによって、南西・琉球諸島の北西側の海が１００万年前頃から引っ張られて落ち込みながら拡大（背弧《はいこ》拡大）して沖縄トラフをつくり、これが九州にまで上陸しているという考え方です。

国土地理院の電子基準点データによると、これらの過去数十万年の間の地質学的な動きを裏付けるように、北部九州と南部九州がゆっくりと離れる動きを示していました。両者は、別府－島原地溝帯を隔てて年間１～２センチメートル程度で遠ざかっていて、これらの地面の定常的な動きは、まさに東西走向の正断層や北東－南西走向の右横ずれ断層の動きを促進する変動でした。

震度７が連続した理由

図６－10右には、変動地形や地質調査から明らかになっていた布田川断層帯と日奈久断層帯の分布を示しています。これは、平成25年（２０１３年）に政府の地震本部によって公表されたものです。しかし、この区分については研究者間で意見の相違があります。

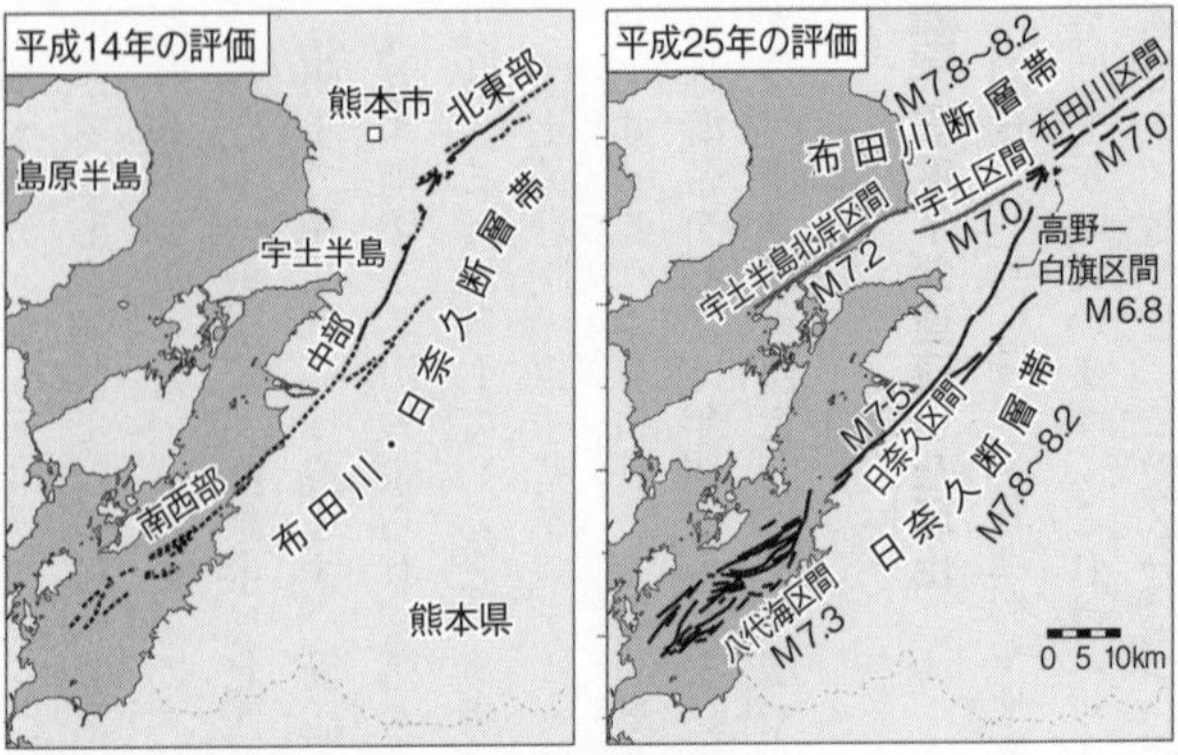

図6-10　布田川断層と日奈久断層の分布

地震本部によると、布田川断層帯は、阿蘇外輪山の西側斜面から宇土半島の先端まで延びる長さ64キロメートルの活断層帯で、その連続性や地質構造などから、東から布田川区間、宇土区間、宇土半島北岸区間の大きく3つの活動区間（セグメント）に分けられています。一方、日奈久断層帯は、益城町から八代市を経て八代海南部に抜ける約80キロメートルの活断層帯です。こちらも北から、高野－白旗区間、日奈久区間、八代海区間の3つに分けられています。日奈久断層帯の走向（方向）は、布田川断層帯に比べて約20～35度反時計回りです。

それぞれ各区間が単独に活動すると、**図6-10**右のような規模の地震が発生するとされていました。仮に断層帯全体が一度に動くとともにM7・8～8・2となる説明も付されていました。

じつはこのような断層帯区分は、今回の熊本地震の発生する3年前に改訂されたものでした。その前の平成14年（2002年）の評価では、この2つの断層帯は一体のものであるという認識があり、「布田川・日奈久断層帯」と名付けられていました（図6-10左）。布田川断層帯の宇土区間、宇土半島北岸区間は、熊本平野の厚い堆積物に覆われたり海域に位置するなどで、地表での確認が難しかったのです。2013年になって、正式に布田川断層帯の一部と認識されました。とくに宇土区間は、熊本平野直下に分布する活断層で、その東部延長部分は木山断層と呼ばれています。私はこの布田川断層帯宇土区間は活断層ではあるものの、基本的に正断層であり、別系統の断層だと考えています。

2016年の熊本地震では、結果として布田川断層帯布田川区間と日奈久断層帯高野-白旗区間の組み合わせで動きました。これに未発見だった阿蘇カルデラ内の約5キロメートルの区間を合わせて、約30キロメートルが連動したことになります。宇土区間の一部（木山断層）もわずかにおつきあいして動いたのですが、基本的には2002年時の「布田川・日奈久断層帯」という認識が正しかったことになります。

つまり、宇土半島から阿蘇外輪山に80キロメートルにわたって延びる布田川断層帯があり、その中央部で日奈久断層帯が合流する「T字型」（図6-10右）ではなく、布田川断層が屈曲部を貫いてそのまま日奈久断層に連続する「への字型」（図6-10左）の構造だったようです。

なぜ益城町は28時間を置いて震度7を2回も経験したのか。その疑問に立ち戻ってみましょ

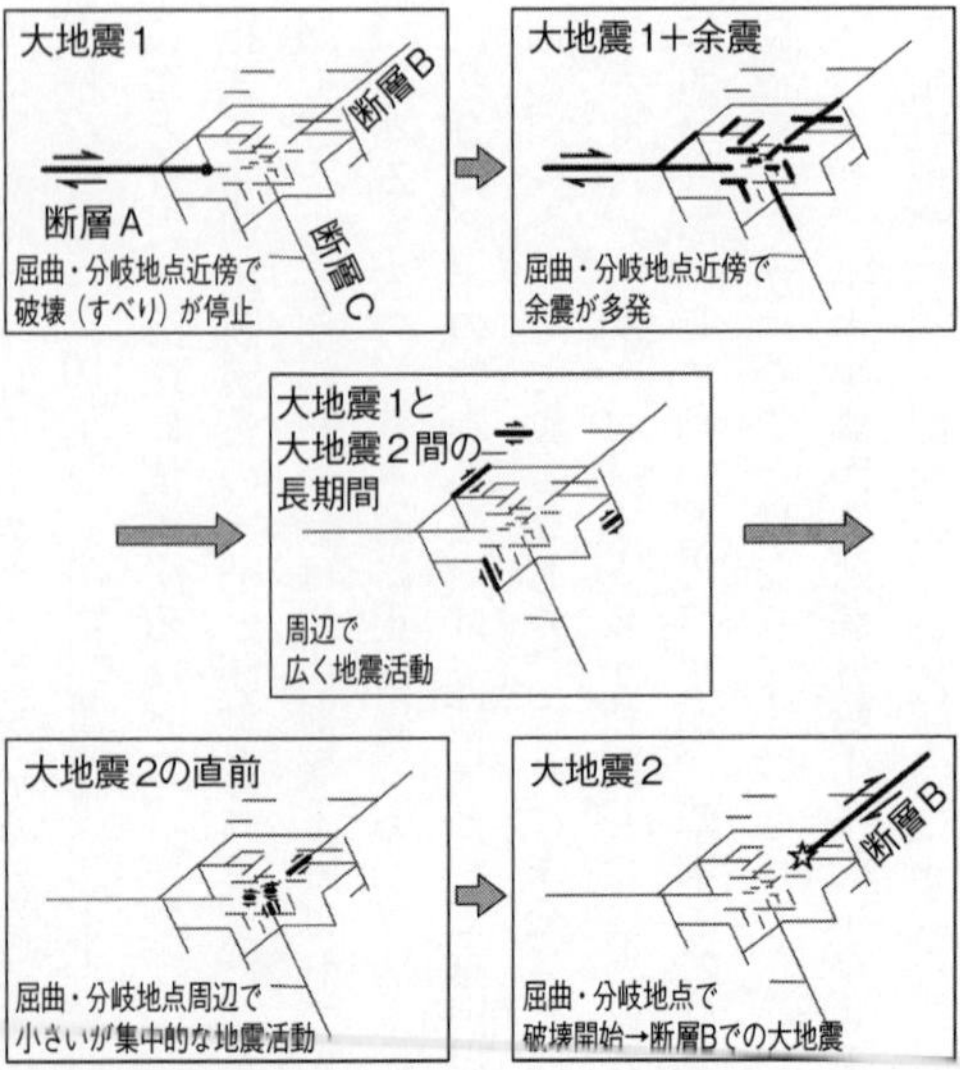

図6-11　断層屈曲部・会合点での破壊停止と開始
（King他、1986を改変）

う。じつは益城町は、運悪く布田川断層帯と日奈久断層帯の交差する地点、ジャンクションに位置していました。まず、どちらの断層帯が動いても強震動が起こる位置にあります。加えて、「布田川・日奈久断層帯」が一連のものとする考え方では、ちょうど断層が屈曲する位置になります。

断層の不連続部や屈曲部ではとくに大きな歪みが加わりやすく、破壊を止める地点になるとともに、次の地震の破壊開始点（震源）になりやすい。そのように主張する研究論文が複数あります（**図6－11**）。

断層が真っ直ぐだと断層中の歪みの分布は均質になりやすいのですが、屈曲しているとその部分に力が集中します。鉤《かぎ》型に曲がった2つのブロックの組み合わせを考えると、その鉤型の部分に力が集中します。そのせいかわかりませんが、日奈久断層帯北端付近は、熊本地震前から中小の地震が多く発生しており、２０００年６月８日にはＭ５・０の地震が発生し、このときも益城町で震度４、嘉島町で震度５弱を観測しています。余震なども含め、中小規模の地震がその後断続的に発生して、日本列島の活断層の中では地震活動が高いほうでした。火種がくすぶっていた状態だったのかもしれません。

震源断層に残る謎

気象庁が「前震」と呼ぶ４月14日の地震は、地表の日奈久断層直下に位置するほぼ鉛直の断層によるものです。一方で、16日Ｍ７・３地震の震源断層は、北西に約60度で傾斜しています。ともに震源断層を地表まで延ばすと、日奈久断層の位置にきます。当初、Ｍ７・３の地震による日奈久断層側の震源断層は、14日の断層が再度動いたとの見方もありました。しかし、余震分布などを詳しくみると、２つの地震の震源断層は別なもののようです。

地下の震源断層は別だが地表の位置は同じ、という認識でよいのでしょうか。14日のＭ６・５地震では地表地震断層は確認されていないと記しました。しかし、15日に調査した一部の研究者は、16日Ｍ７・３地震で明瞭なずれが生じた地点で、道路の亀裂や圧縮、数センチメートル程度のずれがあったと報告しています。もしこれが本当に地震断層だとすると、地表では28時間を隔てて断層が二度動いたことになります。また、日奈久断層は地下に向かって複数に分岐するのか、異なった断層が偶然地表で同じ位置に出現しているのか、謎です。そもそも地震で見える活断層とは何か、ということをあらためて考えさせられます。

2つのタイプの断層が同時に出現

あまり一般には知られていませんが、熊本地震では、横ずれ断層と並走するように正断層が出現しました。地震断層中央部の西原村では、日向地区から、俵山北麓、阿蘇外輪山にかけて正断層が断続的に約10キロメートル続きます（図6-3）。

正断層は、北西側が沈降する動きを示し、変位量は最大で約2メートルに達します。とくに、牛の放牧が行われている俵山北麓の牧草地には、くっきりと1メートル前後の高さの新しい崖が現れました（図6-12）。崖にはクロボクや火山灰層が露出しているので茶褐色で、周囲の緑の牧草地とのコントラストが明瞭でした。北に2キロメートル以上離れた県道からも、斜面中腹に水平に断層が延びるのが確認できました。

この正断層帯は、変動地形から判読されていた出ノ口《いでのくち》断層に、おおよそ沿うように出現しました。確かに現地を歩いていても、地震断層を隔てて斜面低下側（北側）は10メートル以上上下がっ

図6-12　布田川断層の南2kmに並走する正断層型の地震断層

ていて、過去に何度も動いてきたことがわかります（図6-13）。

このような斜面低下側が下がるような崖を見ると、通常は地すべりによる滑落崖の可能性を疑います。しかし、この崖は図からもわかるように、延々と直線的に続きます。通常の地すべりの滑落崖は馬蹄形になります。また、地すべりでは滑落崖で滑り落ちたぶん、地すべりブロックの先端で盛り上がりが確認されるはずなのですが、まったく見当たりません。そのかわりに、この正断層から約200メートル北西の地点では、逆に斜面低下側（北西側）が隆起する正断層が見られます。第1章でも紹介した共役の関係です。表層の地すべりではなく、まさに地下深部から続く断層運動の証拠なのです。

一方で、この牧草地の北方2キロメートルのところでは、前述したように断層が大切畑ダム堤体を約1・

図6-13　正断層崖の地形（上）と北側が隆起する共役断層（下）

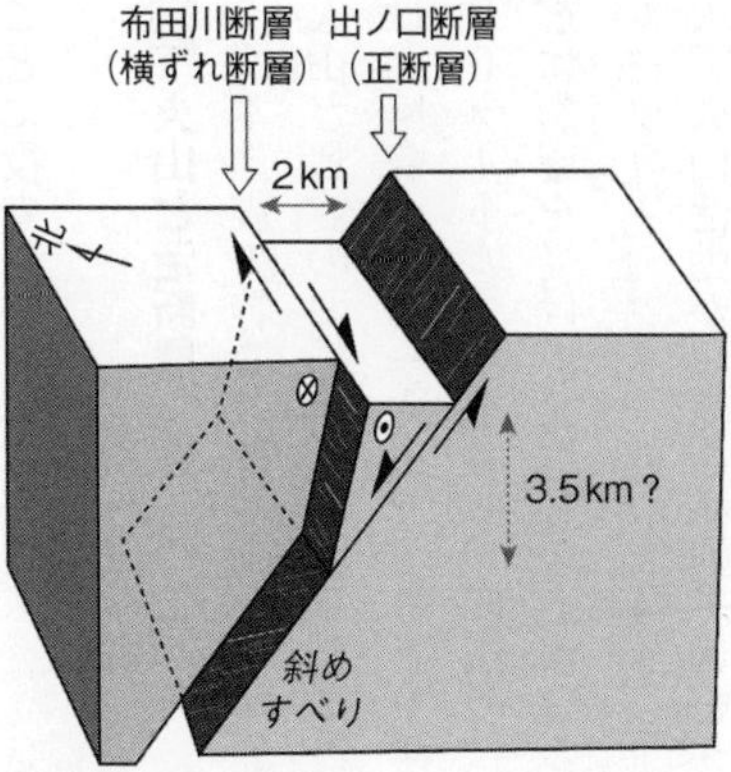

図6-14　スリップパーティショニングの模式図

5メートル右横ずれさせています。つまり、西原村では右横ずれ断層と正断層が約2キロメートル離れて並走していることになります。

M7・3の熊本地震では、震源断層面が北に60度前後で傾斜し、顕著な正断層成分をともなって斜めずれしていることが、余震や地殻変動解析から指摘されています。このことから、地下から地表に向かって断層が2つに分岐し、地表では横ずれ断層と正断層に分かれていると推定できます。地下での斜めすべりを、地表では純粋な横ずれと縦ずれとして分担しています。これをスリップパーティショニングといいます（**図6-14**）。海外の地震では報告例がありましたが、国内ではおそらく初めてです。

布田川断層帯が正断層をともなうことは、同断層が別府-島原地溝帯の南縁に位置することと整合します。縦ずれ断層と横ずれ断層が数キロメートル以内に位置する例は、四国から和歌山にかけての中央構造線活断層帯や、琵琶湖西岸断層帯と花折《はなおれ》断層帯など国内に複数例があります。今回のスリップパーティショニングを理解することは、地表の断層分布から地下の震源を推定することに役立ちます。

火山と活断層

熊本地震の特徴のひとつが、阿蘇山という第一級の活火山近傍で生じたことです。そのため、火山と地震の関係が気になるところだと思います。実際に、本書執筆中の2016年10月8日には、阿蘇中岳第一火口で1980年以来という爆発的噴火が起こりました。噴煙が高度1万1000メートルまで上昇し、四国の松山市でも降灰が確認されたとのことです。この噴火は熊本地震に影響を受けて発生したものなのでしょうか。火山と地震は双方向に影響し合う関係にあるので、以下、地震から火山噴火、火山活動から地震活動、という順に概説します。

大地震が火山噴火を誘発した事例は世界的に多数報告されています。たとえば、1990年に起きたフィリピン地震（M7・7）と、その約1年後に巨大噴火を起こしたピナツボ火山の関係は有名です。フィリピン地震は、ルソン島に分布するフィリピン断層の約110キロメートル区間の動きによって引き起こされました。最大6メートルも断層が横ずれしたことが確認されています。この断層からピナツボ火山までは、わずか100キロメートルほどしか離れていません。また、国内でも、南海トラフ沿いに発生した1707年宝永地震（M8・6）の49日後に、富士山で宝永噴火が発生しました。

このような巨大地震による噴火誘発のしくみには諸説あります。いずれも噴火をコントロールする地下のマグマだまりをどのように刺激するかが鍵になります。マグマだまりとは、岩石が溶けた1000℃以上の液体（マグマ）が蓄積したものです。地下数キロメートルの浅いところに滞留しています。

最も単純なモデルが、地震によってマグマだまりが圧縮されることによる、マグマの絞り出しです。理科の実験に使うスポイトを逆さまにし、ゴム部分をつまんで中の水を押し出すのと同じ原理です。

逆に、地殻変動でマグマだまりが膨らむことによってマグマ自体の圧力が減少します。これが噴火を誘発するという考えもあります。このとき、減圧によってマグマ中に溶けていた揮発性物質が泡となって上昇してきます。ビール瓶の栓を抜いたときと同じです。熊本地震でも、震源断層モデルを用いて簡単な計算をすると、阿蘇山部分は地殻が引っ張られ、減圧が予想されます。ただし、これが噴火につながるかどうかは不明です。

3つ目のモデルは地震の揺れによる減圧効果です。ビール瓶を振った後、栓を開けると泡が広がります。これと同じです。

噴火は巨大地震の直後だけではなく、長い時間をかけて誘発される場合もあります。圧力変化の影響やマグマの移動には、場合によっては数年から数十年もの時間を要するからです。そう考えると、熊本地震よりも1000倍も大きい東北地方太平洋沖地震の影響は、今後列島レベルで現れるのでしょうか。

これまでに発生したM9級の超巨大地震では、すべてのケースでその後周辺の火山が噴火しています。日本でもこのところ、2014年の御嶽山の水蒸気爆発、2015年5月以降の箱根の噴火警戒レベルの引き上げ、同年5月の鹿児島県口永良部《くちのえらぶ》島の爆発的噴火など、列島各地で火山活動が活発化しているようです。東日本でも蔵王、吾妻山などでいまだに警戒が続いています。まだよくわかっていませんが、今後長期にわたってじわりと影響が出てくるのかもしれません。

ちなみに、仙台平野などで多数報告されている869年の貞観地震による津波堆積物は、915年の十和田火山からの火山灰層に覆われています。貞観地震は今回の東北地方太平洋沖地震と似た巨大地震だったと考えられています。東北の火山活動がその後活発化した証拠なのでしょうか。この十和田火山の噴火は過去2000年の間に国内で起きた最大規模の噴火とも考えられています。

次に、火山活動が大地震を誘発する場合を説明します。最近の例では、2000年の三宅島の噴火と伊豆諸島群発地震です。このときは三宅島の噴火とともに約2ヵ月以上にわたって地震活動が活発化し、M6以上の地震が5つ発生しました。三宅島噴火に関係する地下のマグマの移動によって急激な地殻変動が起こり、地震活動が誘発されたのです。

東北地方では、岩手山の火山活動と雫石地震も挙げられます。岩手山では、1997年12月末から1998年10月頃まで、山腹での地震活動や火山性地震、地殻変動が起こりました。その間の1998年9月3日に、雫石町で震度6弱を記録する岩手県内陸北部地震（M6・1）が発生しています。その他、1914年に起きた桜島の大正噴火では、噴火にともなってM7・1の地震が発生し、家屋倒壊などの大きな被害が発生しました。このように、火山活動にともなう地殻変動や流体（マグマや熱水）の動きによって周辺の断層が刺激され、地震が発生するのです。したがって、噴火警戒レベルが上がった場合、噴火そのものだけではなく、周辺の地震活動にも注意しなければなりません。

熊本のように、活断層と火山は近接して分布する傾向があります。第1章で、地下深くなるにしたがって温度が上昇する割合を地温勾配と説明しましたが、火山周辺は他の地域よりもこの地温勾配が高く、脆性破壊が生じる地震発生層が薄いためです。比較的弱い応力でも断層が形成されますし、マグマの上昇やマグマだまりの膨張・収縮によって、地殻浅部の動きも激しいからです。

火山周辺に分布する活断層の特徴は、ひとつひとつは短いけれども数が多いことです。別府湾から日田市にかけて、大分県を横断する別府 - 万年山《はねやま》断層帯がその典型です。100を優に超える10キロメートル程度以下の短い活断層から構成されています。

熊本地震でも、布田川断層よりも北の阿蘇の外輪山では多くの短い活断層があり（図6-3）、そのうちのいくつかは、今回の地震で数センチメートルのずれを生じています（藤原ほか、2016）。

じつは、布田川断層沿いにも単成火山が分布します。益城町には赤井火山、西原村には大峰《おおみね》火山があり、それぞれ20万年前頃と10万年前頃に噴火し、それぞれ砥川《とがわ》溶岩と高遊原《たかゆうばる》溶岩（後述）を噴出しています。両火山は噴火口としての役目を果たしただけなので、地形的に明瞭な火山ではありません。赤井火山は、幅500メートル程度、高さ30メートル程度の馬蹄形の火口跡がぼんやり推定できる程度で、明瞭な火山地形は残っていません。しかし、噴出した砥川溶岩は熊本平野東部の直下にまで広く分布しています。現在は地下に埋まっていますが、熊本市の豊富な地下水の貯留源のひとつとなっています。この2つの単成火山の活動は、布田川 - 日奈久断層帯に生じた隙間をつたってマグマが上昇したためと推定されています。

台地の傾きから布田川断層の活動間隔を探る

今回活動した布田川断層帯布田川区間（本書の布田川断層）では、今後30年間に大地震を起こす確率が「ほぼ0〜0・9％」と算定されていました。これは、布田川区間で見つかった1ヵ所の露頭と2ヵ所のトレンチ調査の結果によるものです。それによると、布田川区間の平均活動間隔は8100〜2万6000年で、最後の活動は約6900年前〜2200年前と推定されています。

最悪の場合、約8000年間隔で繰り返し活動してきた状態で、過去約7000年間活動していないので、経過率は0・9となり、その場合の確率が0・9％となるというものでした。この0・9％というのは「やや高い」確率ということですが、一般の感覚からすると低いと判断されてもやむを得ない数値です。

今後、布田川断層では続々とトレンチ調査が行われ、新しい知見が得られると思いますが、現時点で何か活動を探る手がかりはないのでしょうか。ここでは、断層近傍の台地の傾きに着目してみました。

熊本空港は、熊本市の中心部から東へ約20キロメートル、震央から約5キロメートル北東に位置します。布田川断層からの最短距離は約4キロメートルです。そのため揺れも大きく、今回の地震で一部の施設が被害を受け、一時閉鎖されました。

空港の滑走路は標高が193メートルで、周囲よりも約100メートルも高い台地の上に作られています。この台地は高遊原台地と呼ばれていて、もともと溶岩台地です。阿蘇外輪山からは約15キロメートルも離れており、阿蘇カルデラ内の火山による溶岩ではありません。西原村の大切畑ダムのすぐ西に位置する大峰火山から流れ出た溶岩なのです。その大峰火山は直径約1キロメートル、標高わずか409メートルの火砕丘で、約10万年前に噴火して高遊原溶岩を流出させたと考えられています。

この高遊原台地は現在、東北東-西南西に延びる長さ6キロメートル、幅3キロメートルほどの広さですが、じつは南東に向かって傾いています。傾いている様子は、熊本空港着陸前に上空からもわかりますし、外輪山周辺の眺めのよいところから見下ろしてもはっきりわかります（図6-15上）。そもそも溶岩台地は粘性の低いマグマから作られ、形成当時に台地の上面は水平なのが普通です。それが長い間の地殻変動で傾いてしまったわけです。

図6-15下は、台地の北縁から布田川断層に向かう北西-南東の地形断面です。縦横比を1対10に誇張しているせいもありますが、南に傾いているのがわかると思います。約3キロメートル区間で40メートル南に下がるので、勾配を示す‰（パーミル、水平距離1000メートルあたりの高低差（メートル））という単位で表すと13‰となります。これが10万年前に溶岩が流れ出てから累積した傾きになります。

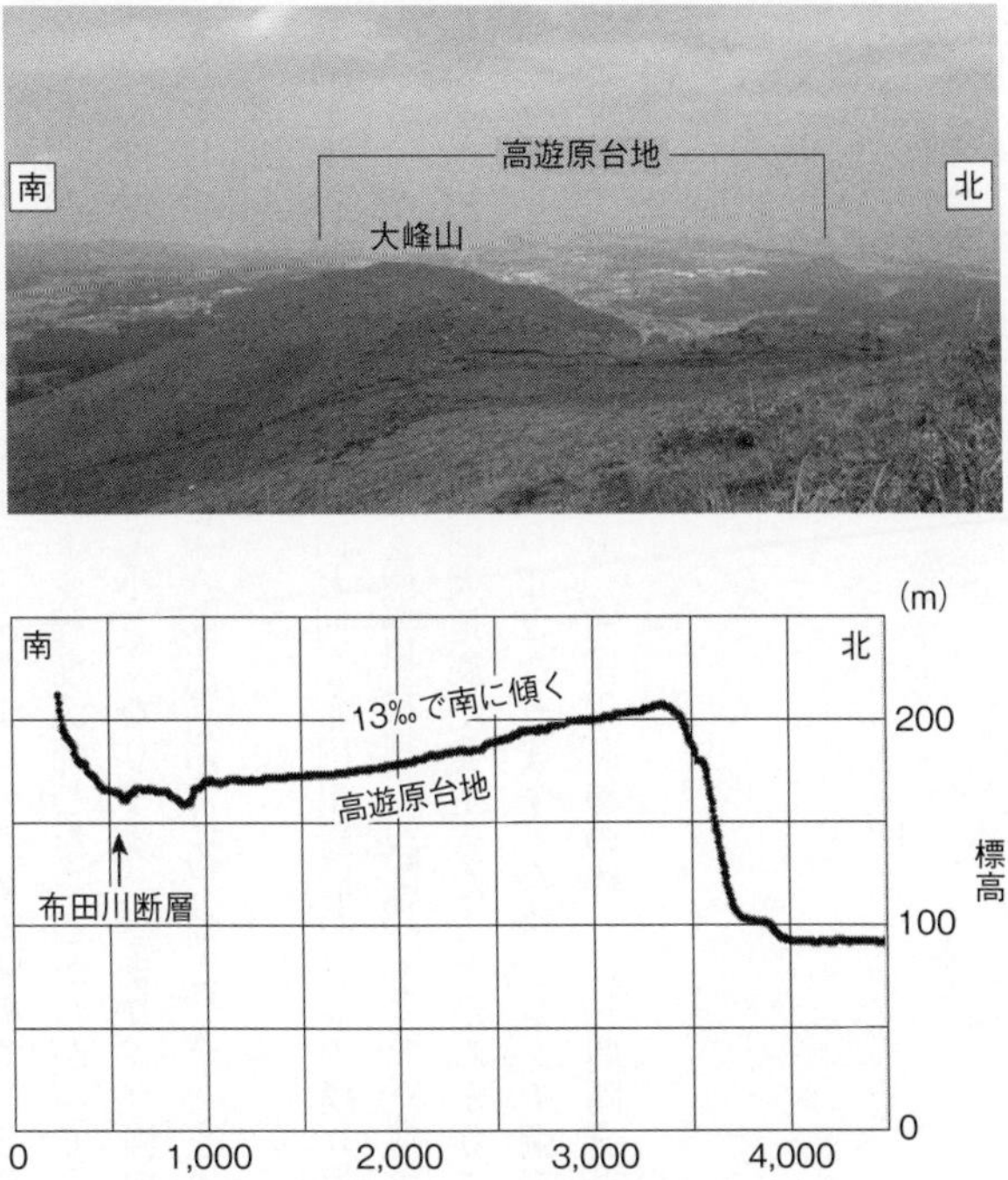

図6-15　地震の繰り返しによって傾いた高遊原台地

一方、国土地理院の衛星データによる地殻変動解析で、2016年の地震によって布田川断層帯の北側が最大1・5メートル程度沈降したことがわかっています。沈み方は断層帯に向かって大きくなり、北西に向かって小さくなります。つまり、今回の熊本地震でも、熊本空港はわずかに南に傾いたことになります。その勾配は約3キロメートル区間で1メートル。勾配にすると0・33‰です。

高遊原台地の傾きが、今回と同じ布田川断層の動きの繰り返しによって形成されたと仮定しましょう(少々強引ですが)。高遊原台地の勾配13‰を熊本地震による勾配0・33‰で割ると、10万年前以降現在までに40回大地震が発生したことがわかります。次に10万年を40回で割ることで、平均活動間隔が2500年となります。今後トレンチ調査など詳しい調査が進むと思われますが、こういった考え方でも、布田川断層の繰り返し間隔を推定することができます。

第7章

地震は連鎖する——活断層地震の「火種」とは

写真／活断層で画される京都盆地、山科盆地、琵琶湖。狭い盆地と平野に人口が集中する近畿地域は活断層密集地帯でもある。

地震の長期評価の問題点

活断層はどの程度周期的に動き、大地震を発生させるのでしょうか。また、地震発生時の地震規模はどのくらいまで予測可能なのでしょうか。第4章で示したように、個々の活断層の活動について、平均像は綿密な地形・地質調査で把握できます。しかし、具体的なところでは不確実なことが多いというのが現状です。たとえば、糸静線神城断層はわずか300年で次の大地震を起こしました。また、熊本地震発生直前の布田川断層の30年確率は0・0〜0・9％というきわめて低いものでした。

地盤評価に関する不確実性は、認識論的不確実性と本質的不確実性の2つに分けられます。認識論的不確実性は、調査データ取得の限界によるものです。たとえば、わずか数ヵ所の深さ数メートルのトレンチ調査では、過去の大地震の痕跡すべてを解明することはできません。

本質的不確実性は、活断層や地震現象そのものが持っている「気まぐれさ」のようなものです。自然現象は機械仕掛けではありませんし、地下構造や地下の応力場はきわめて複雑です。膨大な調査データを得て認識論的不確実性を減らしたとしても、そのような地震現象特有の不確実さ、すなわち変動の幅を減らすことはできません。むしろ、第4章で示したように、糸静線などの調査では、データが増えれば増えるほど、断層運動の複雑性が顕在化しています。

第4章で示したように、確率を求めるにあたって、現状ではこの不確実性を変動係数αとして

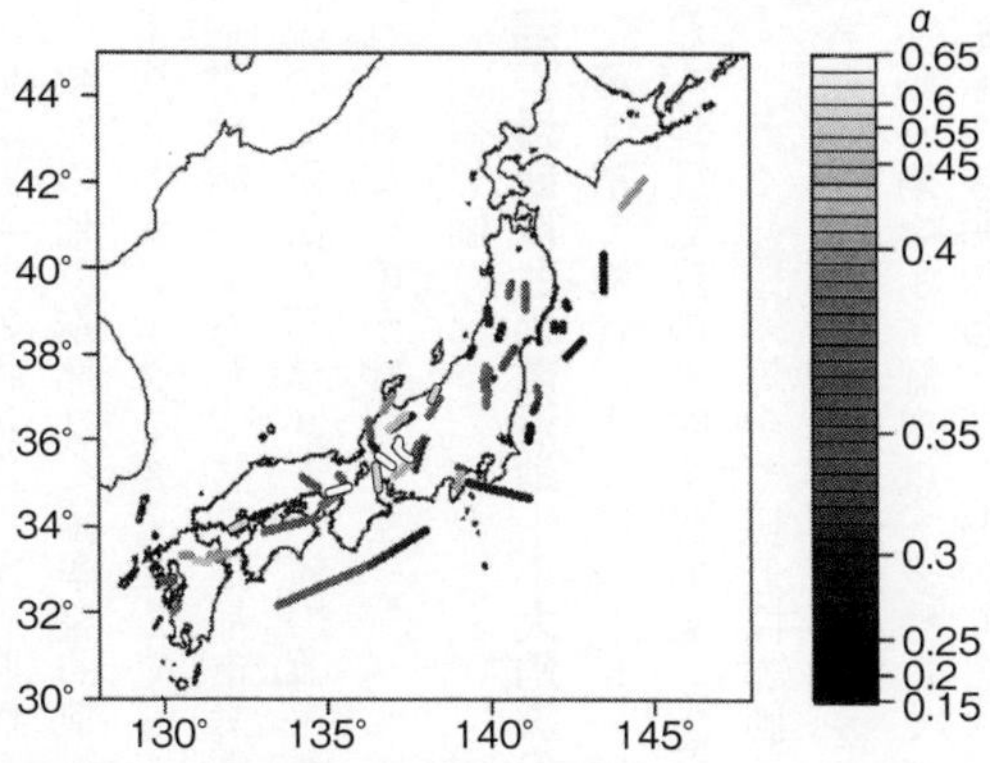

図7-1　変動係数αの地域差（野村、2015）

代入しています。問題は、地震本部は日本全国すべての活断層で、変動係数αを一律に０・２４としていることです。変動係数は正規分布の標準偏差に相当します。つまり、α＝０・２４だと、平均活動間隔が１０００年の場合、大多数の地震（正確には68％）が１０００年プラスマイナス２４０年の活動間隔で発生することを意味しています。完全に周期的ではないけれど、「準」周期的な動きをするという大前提で計算しているわけです。

ところが最近の調査結果を見ると、活動間隔はばらついていて、変動係数はもっと大きいことが示されています。さらに、活断層ごとに個性があることも指摘されています。

東京工業大学の野村俊一さんの最新の研究成果では、変動係数に地域性があることが示されています。**図7-1**を見ると、中部地方から近畿地方の活断層で変動係数が大きいことがわかります。両地域とも活断層の分布密度が高いのが特徴です。近接している断層間の相互作用が周期性を乱すのではないかと考えられています。

政府の地震本部は、確率論的地震動予測地図を毎年更新しています。しかし、改善するために手法やパラメータを変えたくても、突然変更すれば確率値が前年から大きく変化します。混乱を来《きた》す可能性もあり、防災や都市計画の変更を余儀なくされるかもしれません。そのため、これを嫌って手法やパラメータ値の改善が図られないのが現状です。最新の科学的知見がうまく活かされていないのが残念です。

活断層と地震活動――大地震の余震は数十年続く

第4章で触れたように、トレンチ調査が抱える基本的な問題点は、地層保存の不完全性、すなわち地震記録の不完全性です。また、年代測定の誤差が数百年以上にわたるという問題もあります。とくに確率算定や切迫性評価に最も影響するのが、どの程度長期にわたって歪みを蓄積してきたか、つまり、最後に大地震を起こしたのはいつか（最新活動時期）、ということです。最新活動時期を示す証拠は、表層近くの地層に記録されています。手が届きやすい反面、耕作や圃場整備、宅地開発などで乱されていることが多いのです。

活断層からの大地震の発生がどのくらい切迫しているのか。トレンチ調査以外にこれを測る方法はないのでしょうか。

いま我々が注目しているのが、活断層沿いの日頃の地震活動です。現在日本列島には約１００ヵ所以上に気象庁・防災科学技術研究所などの地震計が設置されていて、Ｍ０・５前後までの微小な地震を検知することができます。地表で見られる活断層の地下で、どのような地震活動が進行しているのか、かなり詳しいモニタリングが可能です。これは２０００年前後からの地震計の増設で可能になったものですが、１９８０年代以降もＭ３程度以上の地震は検知できているようです。

活断層沿いの地震活動は、我々専門家だけではなく、誰でも簡単にチェックできます。たとえば、最近１ヵ月間の地震活動は、防災科学技術研究所「Hi-net」のウェブサイト（http://www.hinet.bosai.go.jp/hypomap/）で確認することができます。内陸地震の震源の深さは約20キロメートル以浅です。Hi-net の表示では赤色で示されます。

このサイトから読み取れる情報を紹介しましょう。注目したいのが、過去数年～20年程度の間に大地震を起こした震源域周辺でいまだに微小地震が多いことです。もちろん、熊本地震は本書執筆時点でまだ数ヵ月しか経過していませんから、余震活動が顕著です。

２０１４年の長野県北部の地震、２０１１年の福島県浜通りの地震、２００８年の岩手・宮城内陸地震、２００７年の能登半島地震と新潟県中越沖地震、２００５年の福岡県西方沖地震、２

りますからも、見ることができます。

000年の鳥取県西部地震など、それぞれ確認してみてください。県別表示にして拡大するとさらにわかりやすいです。体に感じないとはいえ、微小な余震がまだまだ発生していることがわかります。

次に、東北地方から北海道側の日本海に目を向けてください。北海道の奥尻島周辺から東北男鹿半島沖まで、赤・オレンジで示される浅い地震が南北約300キロメートルにわたって発生しています。じつはこれらの活動は、1983年の日本海中部地震（M7・7）、1993年の北海道南西沖地震（M7・8）の余震なのです。2016年現在でそれぞれ33年、23年も経過しています。なお、日本海東縁はしばしばプレート境界とされることもありますが、基本的には海底にある活断層の集合体（活断層群）であって、内陸の活断層と同じです。

また、1995年に阪神・淡路大震災を引き起こした兵庫県南部地震（M7・3）もすでに21年経過しましたが、微小な余震はまだまだ続いています。人的被害がなかったので忘れ去られていますが、2013年4月13日には淡路島中部を震源とするM6・3の地震が起こりました。この地震は、兵庫県南部地震の余震域の南端で発生しました。余震のひとつといってよいでしょう。18年後にM6級の最大余震が生じたわけです。

このように、地震観測によって確認される余震が続く期間を、余震継続時間といいます。このように活断層型の大地震による余震継続時間は、20年、30年以上であることは明確で、数十年程度は続くようです。今から１２０年以上前、１８９１年に発生した濃尾地震の余震がまだ継続していると指摘する研究者もいます。

大地震の余震が数十年続く。そう考えると、何か変ではありませんか。こんどは海溝型地震を考えてみましょう。たとえば、宮城県沖では２０１１年の東北地方太平洋沖地震は例外的に超巨大でしたが、その前は、１７９３年以降Ｍ７・４前後の地震が平均37年間隔で発生しています。ここで余震が数十年も続くと、大地震発生間隔を上回るというおかしなことになります。実際に１９７８年に発生した宮城県沖地震（Ｍ７・４）の余震を調べてみると、その継続時間は2年程度です。余震継続時間は活動間隔の20分の1程度です。

つまり、余震継続時間は震源断層の活動間隔に比例するようです。歪みの蓄積する速さ（歪み速度）に反比例するともいえます。プレート境界など、歪み速度が速い地域では、大地震の発生頻度は高いですが、余震は短期間で収束します。

次に重要な点は、余震の継続時間はマグニチュードに比例するわけではないということです。宮城県沖のＭ７・４地震の余震が2年で終了し、兵庫県南部地震（Ｍ７・３）の余震がまだ続いていることからも納得できると思います。最近20年程度の研究で明らかになったことです。

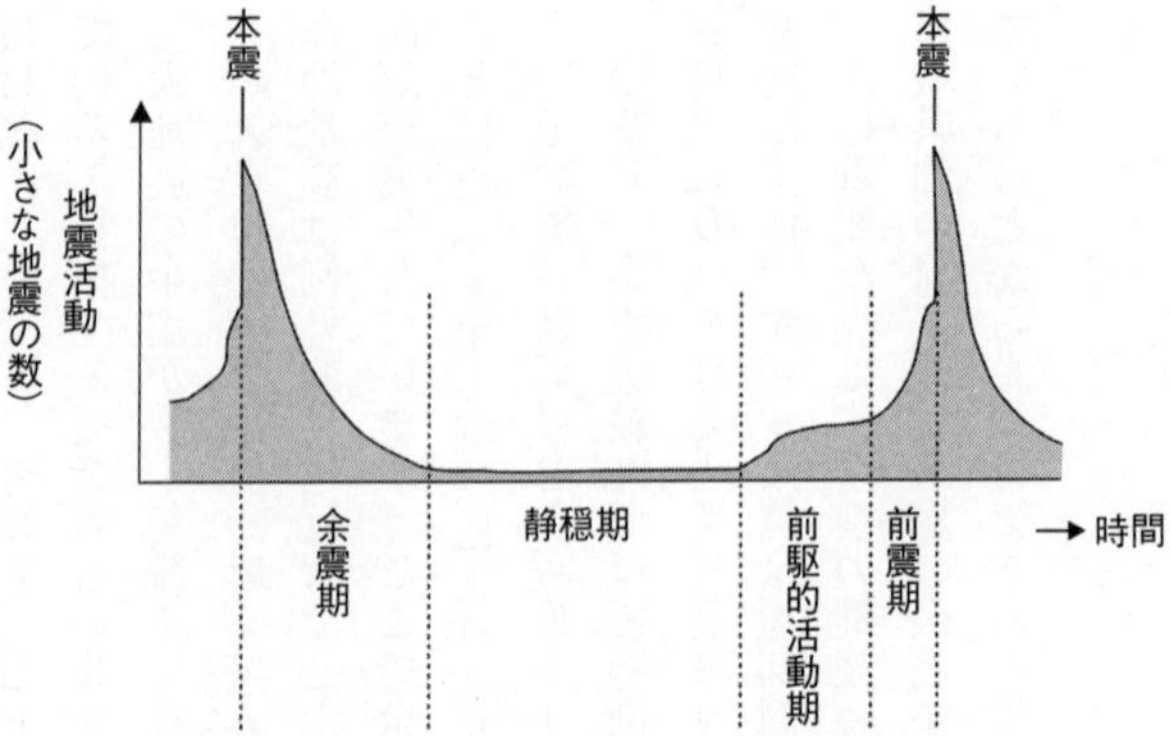

図7-2　活断層の地震サイクル（松田、1992を改変）

地震サイクル

以上のことから、活断層沿いの地震活動の時系列は**図7-2**のように単純化できます。大地震と大地震の繰り返しを「地震サイクル」と呼びます。1つの地震サイクルの最初の20分の1～5分の1に余震活動が続くことは、前述のような観測から明らかです。日本のように過去数百年の歴史地震記録があれば、活断層沿いの地震分布の特徴から、余震かどうかの判断ができる可能性があります。この余震継続期間の後、おそらくは震源断層面が固着し、地震活動は長期にわたって静穏化するとみられています。問題は、次の大地震に向かって、歪みの蓄積とともに、再度何らかの活発化が見られるかどうかです。前駆的活動・前震活動です。

まだまだ仮説の部分もありますが、このように考えると、1000年から数万年におよぶ活断層の1地震サイクルは、図7-2のようにいくつかのステージに区分できそうです。現在の地震活動がどのステージに当たるのかが判断できれば、当面安全な活断層と次の地震が切迫している危険な活断層を見分けられる可能性があります。明確な余震活動が続いている活断層は、すでに歪みを解放したので、現時点では発生確率はきわめて低いともいえます。

なお、断層が部分的にクリープしていて、常に微小地震を活発に起こしている断層帯もあります。クリープとは、断層が突然一気にずれるのではなく、日頃から少しずつずれ動く現象です（詳しくは章末のコラム参照）。海外の顕著な例は、米国カリフォルニア州に分布するサンアンドレアス断層です。日本列島では今のところ、クリープが確認されている活断層はありません。

歪みの伝播と大地震の連鎖

歪みを解放した断層周辺には余震（誘発地震）が広がり、その影響は長く残るので、周辺地域が直感的に危険に感じると思います。活断層はあくまでも地殻内部の切れ目に過ぎません。地殻自体は延々と連続しています。そのため、大地震を起こした断層の歪みは解放されますが、その周辺の活断層には歪みが伝播し、逆に危険な状態になります。

図7-3は、活断層を境にその周辺に長期にわたって歪みが蓄積され（中段）、その歪みが活断層の強度を上回ったときに地殻の反発で地震が生じる（下段）過程を強調して描いています。

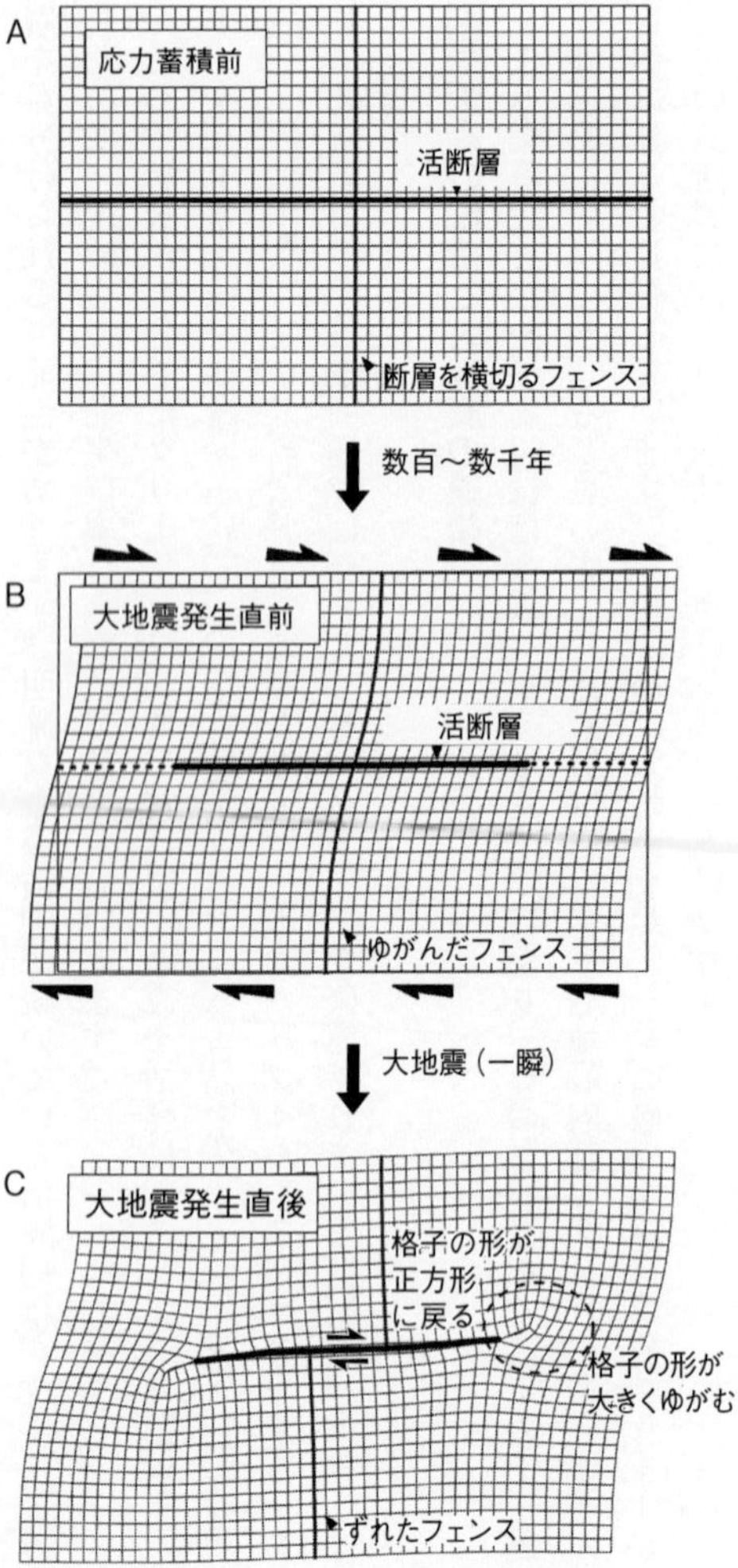

図7-3　活断層沿いの地殻変形の模式図

図中にはわかりやすく格子を描いています。歪みがまったく加わっていない状態では、格子は正方形です（上段）。しかし、大地震直前では平行四辺形状に、まさに歪んでいます（中段）。地震発生後、動いた断層沿いでは、各格子はまた正方形に戻っています。断層沿いの歪みが解放されたからです。これが地震による応力降下です。

注目は動いた断層の両端とその周辺です。格子がさらに大きく歪んでいます。隣接する断層には、一瞬にして大きな歪みが加わることになります。ここでは断層の動きを単純化しているので、断層両端延長部分で歪むことを強調していますが、実際はこの分布が少し複雑になります（メカニズムの詳細については拙著『連鎖する大地震』（岩波科学ライブラリー）などをお読みください）。

このような断層運動による応力伝播と、それに反応する地震活動の活発化は、さまざまなスケールで生じます。つまり、**図7-3**は数十センチメートルから数百キロメートルのすべてのスケールで成り立つ現象なのです。

最も極端でわかりやすいのが、2011年3月11日の東北地方太平洋沖地震です。同地震では、直後に茨城沖のM7・6、遠く沖合の日本海溝付近のM7・5、12日明け方に秋田沖M6・4、長野県北部M6・7、15日に静岡県東部M6・4、4月11日に福島県浜通りM7・0など、東日本全域の地震活動を活発化させました。これも巨大な震源域から広域に応力が伝播したことによります。

マグニチュード（M）は1小さくなると、放出するエネルギーは32分の1になります。地震体積で視覚的に示されるように（図1-3）、その差は極端でした。周辺への応力変化域も、同様にマグニチュードに応じて極端に変わります。1995年の兵庫県南部地震は東北沖地震に比べて極端に小さいですが、それでも直後に京都や徳島、岡山などで小さな地震が増えました。

熊本地震では、2000年6月8日に日奈久断層帯北端付近で、M5・0の地震が発生していました。このときにも、局地的に震源周辺で応力変化が発生していたと考えられます。現に、その2000年の震源域と近傍で、余震と思われる中小規模の地震がその後も断続的に発生していました。そのため、日奈久断層帯は地震活動が高い活断層帯のひとつでした。今になってみると、次の2016年4月14日M6・5への火種がくすぶっていた状態だったのでしょう。

熊本地震の最初の4月14日M6・5地震でも、日奈久断層帯・布田川断層帯に突然の応力状態の変化が発生しました。プロローグで紹介したように、「これはこのままでは終わらない」と直感的に思ったのは、さらに大きな地震につながった事例を複数知っていたからです。

最初に思い浮かんだのが、2002年11月3日に米国アラスカ州で発生したデナリ断層地震（M_w7・9）です。第5章でも紹介しました。デナリ断層は、全長数百キロメートルにおよぶ右横ずれの大断層です。デナリ断層地震では、このうち約300キロメートル区間がずれ動き、平

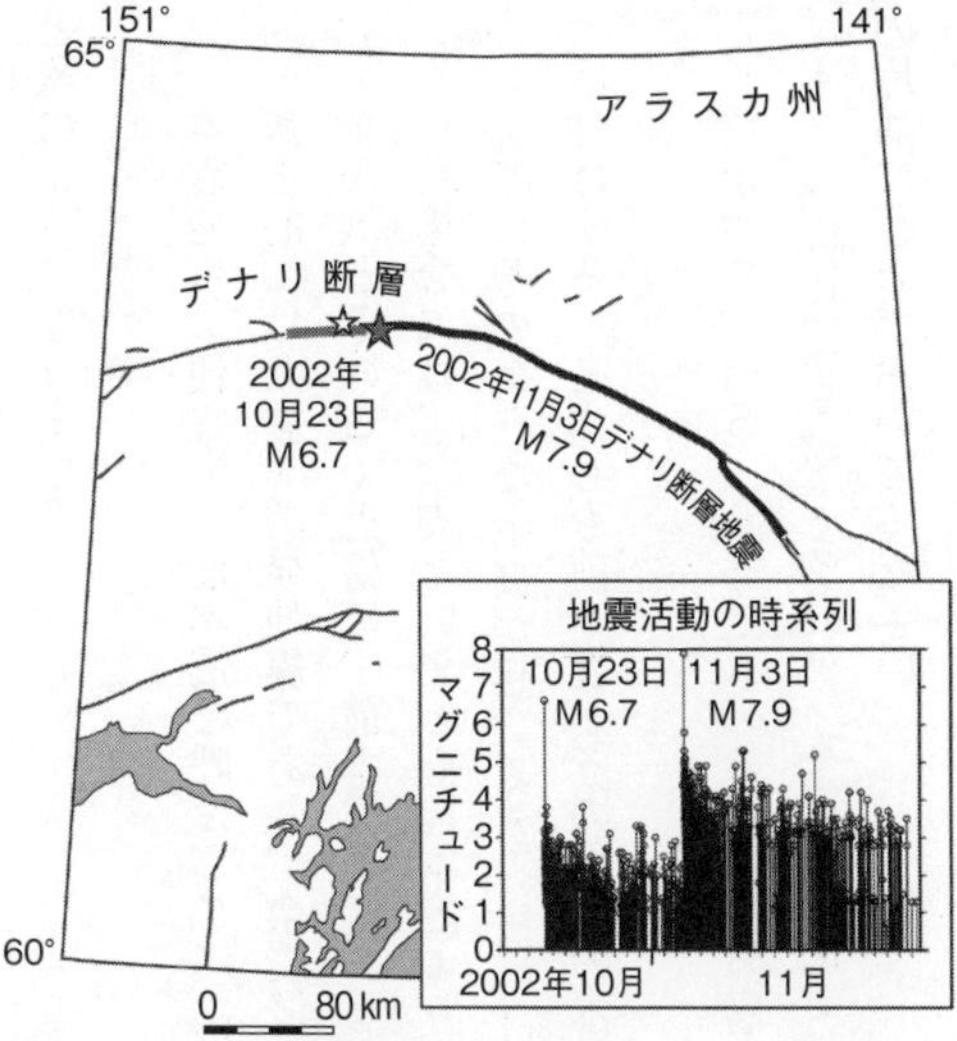

図7-4　デナリ地震断層　アメリカ・アラスカ州のデナリ断層で発生したM6.7地震と、11日後のデナリ断層地震（M7.9）。星マークはそれぞれの震央。

均5メートルものずれをともなう地震断層が出現しました（**図7-4**）。山岳地帯では氷河を切る断層がいたるところで観察されています。

じつは、この地震の11日前の10月23日には、本震の断層の西側でM_w6・7の地震が発生していたのです。この地震もデナリ断層の一部区間の活動でした。このM_w6・7余震域の端が、11日後のデナリ断層地震の震源（破壊開始点）となったのです。

同じことは、東北地方太平洋沖地震でも起こっています。2011年3月11日のM9・0地震の破壊開始点は、3月9日に発生したM7・3地震の余震域の南端でした。

熊本地震を含め、前震・本震・余震の関係について、これらの事例からいえることをまとめると次のようになります。

・本震発生（便宜上、前本震と呼ぶ）
・基本的には余震＝誘発地震であり、余震域は震源断層よりも拡がる。
・余震域とそのごく近傍に、前本震を起こした断層よりも大規模な断層が存在し、最悪誘発された場合には、余震といえども前本震よりもマグニチュードが大きくなることがある。
・実際にそのような余震が起こると、後付けで、前本震を「前震」、余震を「本震」とラベル付けする。必ずしも前本震がそのあとの本震につながる前兆だったわけではない。

したがって、M5〜6クラスの地震が活断層周辺で発生した場合（もしくは、M7程度であっても）、活断層密集域であれば、本震を上回る地震が発生する可能性があります。このことを頭の片隅に留めておいてください。

熊本地震に誘発された広域地震活動

　このように、地震活動は因果関係を保ちつつ連綿と続きます。1つの地震でこれまでの流れが完全に断ち切られることはないようです。一見不幸なことのようですが、予測にとっては好都合です。ここでは熊本地震（4月16日）後の活動について考えてみましょう。

　午前1時25分に発生したM7・3の本震直後から、周辺では多数の中規模余震が発生しました。とくに震源域外としては、本震から32秒後に由布市でM5・7、午前3時3分と3時55分には阿蘇市でM5・9（最大震度5強）とM5・8（最大震度6強）など、広域で地震活動が活発化しました。また、熊本平野直下でも多数の余震が発生しています。そのため、「阿蘇でも大分でも起こっていて、次々に震源が北東へ移動しているのではないか、こんどは四国の中央構造線か」とか、「気象庁もお手上げの前代未聞の異常なことが起こっているのではないか」など、不安な声も多数聞かれました。

　これらの活動も、熊本地震による応力変化でおおむね説明可能です。

　実際はコンピュータで詳しく計算を行うのですが、ここでは感覚的にわかる図を用意しました（**図7-5**ⓐ）。図中の矢印は、熊本地震前後での国土地理院の電子基準点（GPS）の動きを示しています。**図6-2**に示したものと同じです。活断層の分布も重ねました。

　ここで、別府－万年山断層帯を挟む2地点の動きに着目してください。A地点とB地点です。熊本地震によってA地点は北に4センチメートル、B地点はほぼ東に6センチメートル動きまし

(a)

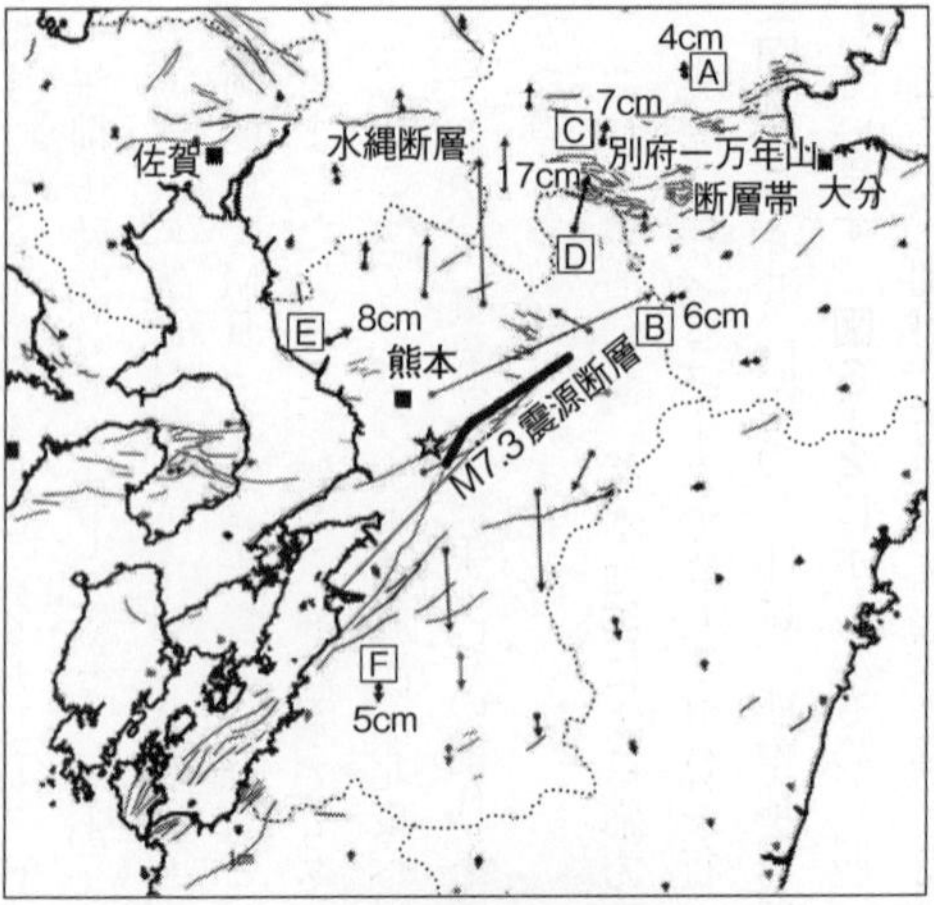

(b)

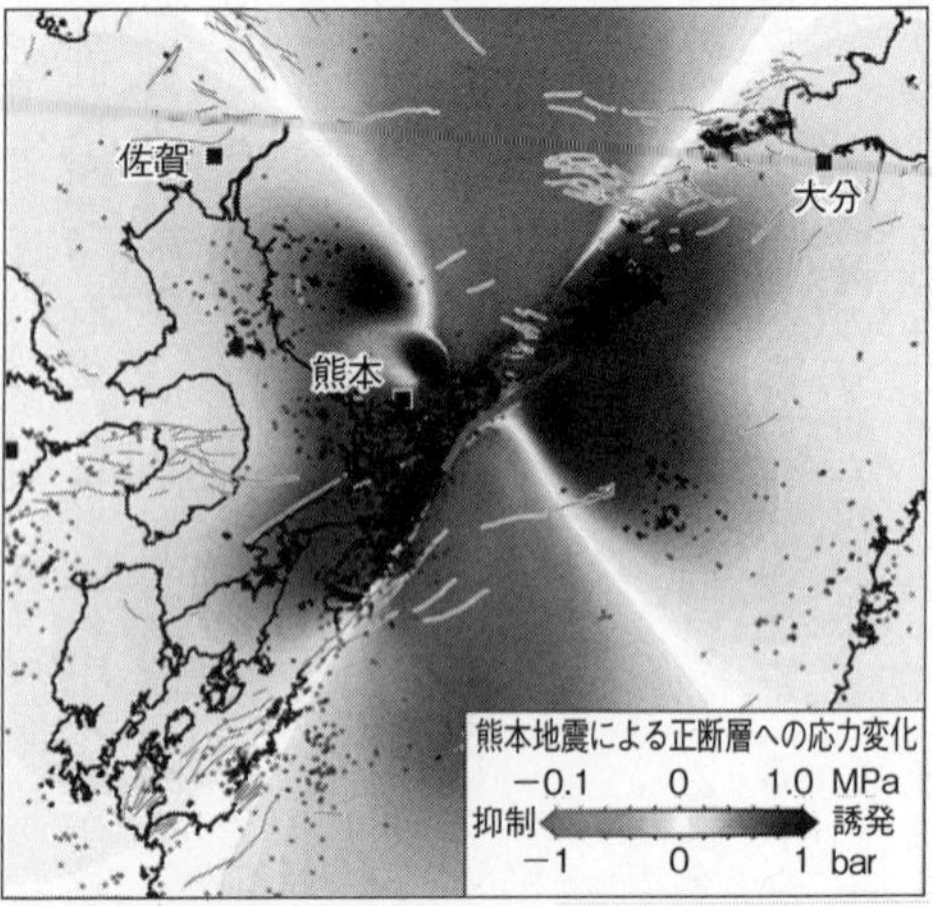

図7-5　熊本地震による地震誘発のメカニズム　(a) 熊本地震による電子基準点の動き（国土地理院）と活断層の分布。(b) 熊本地震による東西走向の正断層への応力変化と余震分布。

た。南北成分だけに着目するとB地点はほぼ動いていないので、この2地点は熊本地震によって4センチメートル引き離されたことになります。ふだんのゆっくりとした動きだと数年かかる変動が、わずか10秒程度で生じたわけです。別府－万年山断層帯は東西走向の正断層です。東西走向の正断層は、南北方向の引張力によって動きます。したがって、熊本地震の変動によって由布院付近の正断層は動きやすくなるわけです。

一方で、今度はC地点とD地点に注目してください。C地点は北に7センチメートル、D地点は北に17センチメートル動きました。熊本地震によって、両地点は10センチメートル近づいたことになります。この部分の別府－万年山断層帯は南北に圧縮されたことになります。断層を動かす引張場とは逆ですから、熊本地震によって地震が起こりにくくなったのです。同じことは、水縄断層にも言えます。

このように、熊本地震での大地の動きの地域差を見ることによって、周辺の断層の動きやすさを大まかに把握することができます。熊本平野直下にも東西走向の正断層が分布します。熊本平野も熊本地震で南北に引き延ばされていたので（たとえば、E地点とF地点の比較）、同じく断層が動きやすくなっているわけです。

日奈久断層のような横ずれ断層も同様の考え方で説明できますが、正断層の場合よりも少し回りくどくなるのでここでは割愛します。いずれにしても、熊本地震によって九州中部で数十～数センチメートルの大地の動きが起こり、その動きの差によって新たな歪みが生じ、それが地震活動の促進と抑制につながっているわけなのです（**図7-5**ⓑ）。

なお、別府-由布院地域で継続している余震活動の一部は、最初に誘発されたM5・7地震自体の余震活動です。このように大きめの余震自体も余震を持ちます。これを二次余震ともいいます。

遅れ破壊型の連動型巨大内陸地震

熊本地震での28時間差のM6・5、M7・3の地震。たしかに1市町村が短時間に二度の震度7に見舞われることはきわめて異例なのでしょう。その意味では、観測史上例がないという気象庁の発表には頷けます。しかし、近傍での短時間の連鎖型大地震は国外に複数例があります。歴史地震まで含めると我が国でも発生しています。

地震活動には数十年単位で活動期と静穏期があります。この地震活動の変化は、広域での応力蓄積と解放過程の波によって生じていると考えています。

諸大名が下克上で争った戦国時代、とくに豊臣秀吉統治の時代は、まさに地震の活動期でした。2つの内陸巨大地震が西南日本を襲いました。1586年（天正13年）に北陸・東海・近畿の広い地域を揺らした天正地震と、1596年（慶長元年）に近畿地方を襲った慶長伏見地震で

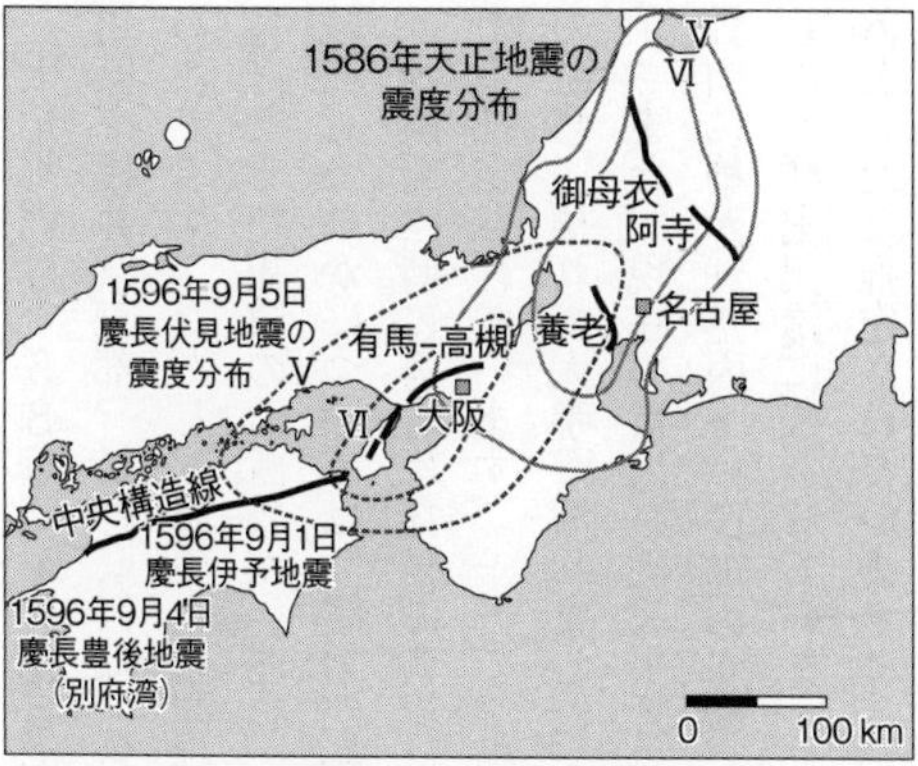

図7-6　秀吉の時代の2つの内陸巨大地震　ローマ数字で示される震度分布は宇佐美ほか（2013）に基づく。太線が震源と推定されている活断層。

す（**図7-6**）。諸説ありますが、両地震ともＭ８弱の内陸大地震だったと推定されています。さらに付け加えると、１６０５年（慶長10年）には南海トラフ沿いで巨大地震が発生したと考えられています（ただし、この地震の揺れによる被害の記載がなく、津波地震か遠方のプレート境界が震源だったとも考えられています）。

天正地震と慶長伏見地震、わずか10年の間隔で発生した巨大地震なので、この２つの関連性を疑いますが、それぞれが複数の活断層による地震だったことがわかっています。戦国武将のドラマティックなエピソードにも関連していて、ＮＨＫの大河ドラマ「真田丸」にもこの２つの地震のシーンが登場しました。詳細は地震考古学者の寒川《さんがわ》旭さんが新書にまとめられていますので、そちらをお読みください（『秀吉を襲った大地震』平凡社新書）。以下には、両地震の概要を説明します。

天正地震は1586年1月18日の午後10時過ぎに発生しました。被災範囲は現在の富山県、石川県、福井県東部、長野県西部、岐阜県全域、愛知県西部、三重県北部、滋賀県東部の広範囲にわたります。ただし、歴史上の記録ということで正確で詳細な時間を知ることができず、1つの地震として複数の活断層が「連動」したのか、数分から数十時間の時間差で「連鎖」的に地震が続発したのかについては、議論が続いています。

地震発生時に秀吉は琵琶湖西岸に建つ坂本城に滞在中でした。震度5強程度の揺れを直接感じたと推定されています。一方で、琵琶湖東岸に建つ長浜城は震源地に近かったため、震度6以上の激しい揺れで大半が潰れました。湖岸が湖に向かって地すべりを起こしたとも推定されています。また、現在の富山県砺波平野にあった前田秀継の木舟城が倒壊し、さらに庄川上流では、帰雲山に築かれた内ヶ嶋氏理《うじまさ》の居城、帰雲《かえりくも》城《じょう》がこの地震によって城下もろとも一夜にして姿を消したと歴史記録に残されています。激しい地震動による巨大地すべりで、1500名以上が命を落としたと推定されています。

南に遠く離れた濃尾平野でも、いたるところで甚大な被害が報告されています。織田信雄《のぶかつ》が居城していた長島城も壊滅的な被害を受けました。濃尾平野での遺跡発掘などからも大規模な液状

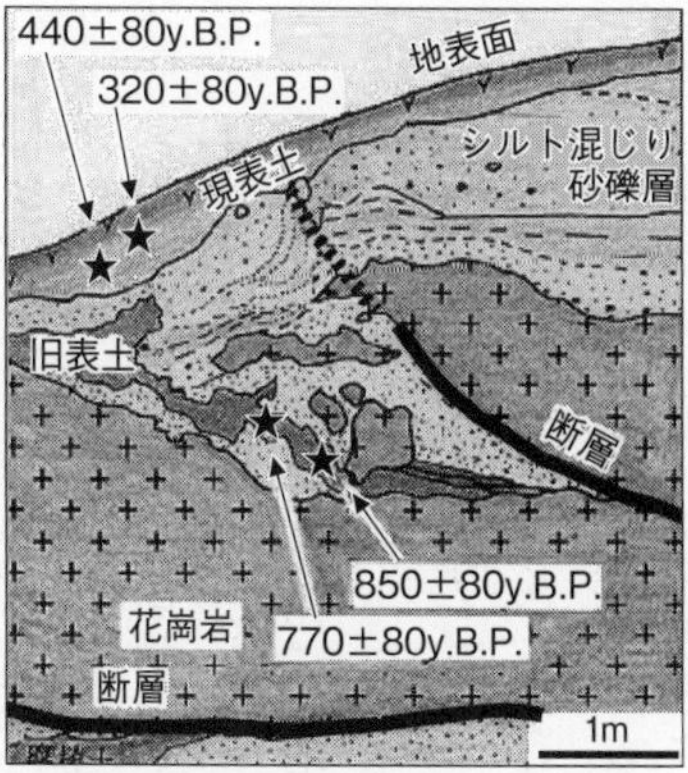

図7-7　天正地震時に動いたと思われる阿寺断層の露頭スケッチ（遠田ほか、1994に加筆）　y.B.Pは1950年からさかのぼる年数。

化跡が多数確認され、木曽三川河口付近や伊勢湾北部で10以上の島が水没したと記録されています（液状化かもしれません）。このほか、中部地方全域でこの地震による被災の記録が残っています。

こうした歴史記録のほか、露頭観察やトレンチ調査などからも、天正地震に関連すると考えられる古地震跡が多数見つかっています。それらの痕跡は、主として、御母衣《みぼろ》（庄川）断層、阿寺断層、養老‐桑名断層から見出されており、地元に伝わる伝承と地質学的証拠が関連づけられた研究例も複数あります。

私も１９９４年から2年間にわたって、阿寺断層沿いの６ヵ所で調査を行いました。**図7-7**は、阿寺断層の露頭のスケッチと地層の年代です。誤差は大きいですが、800年ほど前の土壌が断層で切られ、400年ほど前の土壌に覆われていることがわかります。その他の地点でも、400年ほど前に阿寺断層が動いたという痕跡を発見しました。

以上のように、強震動域の拡がりと地層の痕跡などから、天正地震では、御母衣断層帯、阿寺断層帯、養老－桑名－四日市断層帯が、同時もしくは1日程度の間隔で活動したと推定されています（図7-6、注：阿寺断層は天正地震の震源ではなく、別の地震とする見解もある）。

天正地震から約10年後に発生したのが、1596年（慶長元年）9月5日の慶長伏見地震です。天正地震と違い、「伏見」と地名を付記しているのには理由があります。史料の調査や活断層のトレンチ調査によって、伏見地震だけではなく、数日の間に遠く離れた九州や四国でも大地震が起こっていたからです。

最新の調査結果によると、まず9月1日に松山付近に分布する中央構造線活断層帯の川上断層によって慶長伊予地震が発生し、その3日後、9月4日に別府湾で津波をともなうM7程度の大地震（慶長豊後地震）が発生したと推定されています。慶長伊予地震に関する史料はわずかですが、慶長豊後地震は別府湾に面する府内（大分）、日出、別府で被害が激しく、高崎山で大規模な斜面崩壊があったとされています。内陸では由布院、九重、竹田などでも被害があったようです。興味深い点として、別府湾にあった瓜生島《うりゅうじま》がこの地震で沈没し、700名以上が命を落としたといわれています（瓜生島伝説）。実際は、府内（大分）から約4キロメートル離れたところにあった沖ノ浜という港町が、断層変位か地すべりか液状化で海没したと推定されています。

この2つの大地震の後で慶長伏見地震が発生しました。伊予（松山）から伏見地震で大きく揺れたとされる淡路島までは、約200キロメートルの距離があります（図7-6）。この間の四国中東部では、とくに地震による被害記録は見つかっていませんが、中央構造線活断層帯の複数のトレンチ調査では16世紀頃に動いた痕跡が発見されています。伏見地震の際、もしくはその前後で、中央構造線も大地震を起こした可能性があります。

慶長伊予地震、慶長豊後地震の次に起こった最後の大地震が、9月5日の慶長伏見地震です。京都三条から伏見までは被害が大きく、秀吉の居城である伏見城の天守が大破し、城下でも多数の圧死者があったと史料に記載されています。現在では大仏というと奈良東大寺と鎌倉ですが、このとき京都の三十三間堂のかたわらにある方広寺では、完成したばかりの大仏が大破しました。皮肉にも、10年前の天正地震を機に、秀吉が国家安泰のために建設した大仏が、次の大地震で倒壊したのでした。

この伏見地震では、現在の大阪市や神戸市でも多数の被害の記述が残っています。とりわけ、キリスト教の布教のために在日していたルイス・フロイスによるイエズス会への報告の記録なども貴重な史料です。この報告には、洲本城の倒壊など、南は淡路島まで被害状況が記録されています。なお、この地震が発生したときの元号は文禄でしたが、地震から3ヵ月後に天変地異を理由として慶長に改元されています。

このように京阪神・淡路島に多大な被害をもたらした慶長伏見地震は、複数の活断層によって引き起こされたようです。有馬-高槻構造線活断層帯が動いたことは確実です。兵庫県南部地震後に川西市で行われた掘削調査では、安土桃山時代の土師皿《はじざら》を含む地層が断層で切られ、江戸時代の陶磁器の破片を含む近世の耕作土に覆われているのが明らかになっています（前掲書より）。被害の大きかった伏見は、この有馬-高槻構造線活断層帯の東延長に位置するのですが、京都府が1998年に実施した地震探査では、宇治川沿いに宇治川断層という伏在断層が発見されました。伏見での顕著な被害は、宇治川断層も同時に動いたことによるのかもしれません。

淡路島北部では、野島断層と反対側の東岸に東浦断層や野田尾《のたお》断層、淡路島中央部には先山《せんざん》断層という活断層が分布します。これらの発掘調査でも、最近数百年間に活動した痕跡が見つかっています。有馬-高槻断層帯では淡路島の被害状況を説明できないことから、これらの活断層も同時に活動したとみられています。その他、六甲-淡路島断層帯の神戸側の五助橋《ごすけばし》断層でも、同時期の断層運動の痕跡が発見されています。

慶長伏見地震も4つから5つの断層帯が関与する連動型内陸地震でした。

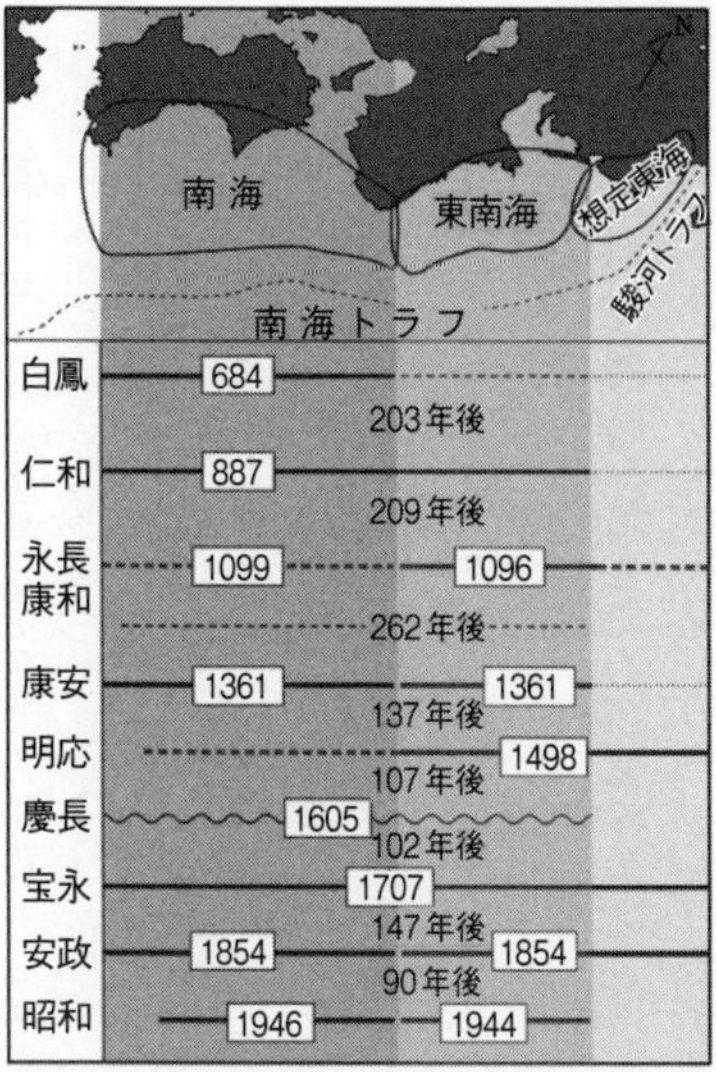

図7-8　南海トラフ沿いの巨大地震の発生史（Ishibashi, 2014を改変）

「東海・東南海から南海へ」の時差破壊にどう備えるか

もし地震予知ができるようになって、何時何分という精度で震度6強の揺れが来ることがわかっていたら、どのような行動をとりますか。これが何時何分ではなく、1年以内に揺れることが確実であれば、どうでしょうか。

東北地方太平洋沖地震以来、南海トラフ沿いでもM9を超える超巨大地震の脅威が叫ばれています。しかし、過去2回を見ると、最初に東南海側（和歌山県の潮岬以東の震源）が地震を起こし、少し遅れて四国沖の南海地震が起こるパターンを繰り返しています（**図7-8**）。1940年代の場合は、この差は2年（1944年12月7日と1946年12月21日）。1854年の安政の地震では、32時間差でした。1707年の宝永地震では、全域が一度に動いてM8・6の地震になりましたが、むしろ例外かもしれません。不確実ながら、11世紀永長・康和に発生した地震も2年差だったのではないかともいわれています。

南海トラフ沿いで次に起こる地震が、（幸いにも）M9級の超巨大地震ではなく、昭和や安政と同じで「時間差攻撃」だったら？　最初に東南海地震が発生したら、近畿・四国地域の住民はどのような行動をとればよいのでしょうか。過去に起きたパターンが繰り返されるわけではないですが、間違いなく、最初の東南海地震から数時間から数年以内には南海地震は起こります。その場合、どのような緊急対策を取るべきでしょうか。予知ではありませんが、きわめて確率の高い緊急事態になります。これは現実に起こりうるシナリオです。防災対策の専門家に伺ってみたいところです。

ちなみに、活断層の場合でも類似のケースは考えられます。熊本地震の4月14日M6・5と16日M7・3もそのような状況だったともいえます。また、2005年の福岡県西方沖地震では、警固《けご》断層帯の北部だけが活動しました。南部はまだ動いていません。前述した2014年の長野県北部の地震でも、神城断層の一部が動いただけです。活断層の場合は、南海トラフ沿いの地震よりも活動間隔が10倍以上長いので、時間差は数十年以上になるのでしょうか。それとも歪みが

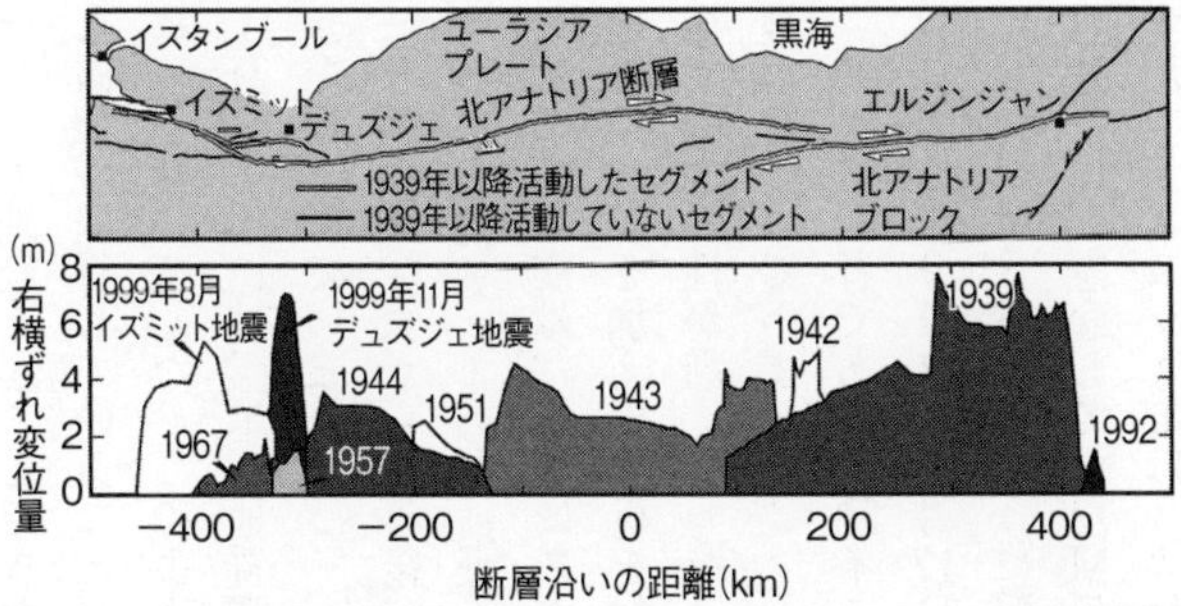

図7-9　1939年以降続発したトルコ・北アナトリア断層での地震　下段図の数字は地震発生年を示す。（Stein他、1997に加筆）

蓄積されていないので当面大丈夫なのでしょうか。研究課題としても、防災行動としても難しい問題です。

地震のドミノ倒し

著しい地震連鎖の例は、トルコの北アナトリア断層で記録されています。北アナトリア断層は、ユーラシアプレートとアナトリアブロック（小プレート）を境にする、横ずれ型のプレート境界断層です。全長は１０００キロメートルを超え、平均変位速度は20〜30ミリメートル／年にも達します。米国カリフォルニア州のサンアンドレアス断層と肩を並べる大断層です。

この北アナトリア断層では、１９３９年に東部で発生したＭ７・８のエルジンジャン地震以降、数ヵ月〜30年程度の時間差で、断層沿いをくまなく埋めるように大地震が発生してきました（**図７-９**）。ほぼすべての地震で地表に地震断層が出現し、横ずれ量も復元され、どの区間がそれぞれの大地震を起こしてきたかが把握されています。その結果、エルジンジャン地震以降、西へと破壊が進行していることがわかっていました。人口約1000万人の大都市イスタンブールに達する勢いでした。このような地震の連鎖は、前述した応力伝播モデルで説明できる典型例で、1997年には、米国地質調査所のスタイン博士によって次の地震の発生確率などを示した論文が発表されていました。

その論文発表から2年後、1999年8月17日に、イスタンブールに隣接する工業都市イズミット市をM7・4の大地震が襲いました。1万7000人以上の死者を出す大災害になりました。この地震は、まさにスタイン博士が予測した地震のひとつでした。同様に、このイズミット地震の影響を加えて解析を行うと、イスタンブールとイズミット市の東のデュズジェ市で、地震発生の危険性が高くなったことがわかりました。デュズジェ市はイズミット地震ですでに多大な被害を受けていました。

共同研究者である当時イスタンブール工科大学にいたバルカ教授（2002年没）は、この計算結果を1999年9月17日発行の『サイエンス』誌で紹介し、デュズジェ市のダメージを受けた建物には入らないように警告を発していました。そして、イズミット地震から約3ヵ月後の11月12日に、懸念していたM7・2のデュズジェ地震が起こります。熊本の益城町ほどではないですが、デュズジェ市は3ヵ月間に2回の強震動を経験し、壊滅的な被害に見舞われました。80

0名以上が亡くなっています。

北アナトリア断層でも、イズミット地震、デュズジェ地震後に多数のトレンチ調査が実施され、多くの地点で２００〜４００年間隔で活動してきたことがわかっています。したがって、１９３９年からのわずか60年間の地震の続発は偶然ではなく、応力の伝播によって短期間に連鎖した結果だといえます。また、過去にも、震源の移動や連鎖的な活動があったことがわかっています。

私は米国地質調査所の研究チームに加わり、パーソンズ博士、スタイン博士らとともに、イスタンブール近郊で今後30年間にＭ６・８以上の地震が発生する確率を62±15％と算出しました（『サイエンス』誌、２０００年）。コイントスよりも高い確率ですが、幸いにして地震から17年経過した現在、まだ懸念される大地震は発生していません。

活断層による内陸地震のきっかけとなる「火種」

このように、連鎖的な大地震は隣接した断層の相互作用によって生じます。伝播された応力が地震発生を前倒しするわけなのです。見方によっては、これは前述した地震サイクル（**図７-２**）を加速したと解釈することも可能です。地震発生過程を短縮した一種の自然実験とみることもできます。

最近発生した内陸地震では、震源（破壊開始点）で、直前に地震活動が活発だったことが報告されています。典型例は、前述の熊本地震（２０１６年）、長野県北部の地震（２０１４年）、福島県浜通りの地震（２０１１年）、鳥取県西部地震（２０００年）などです。

熊本地震は前述したとおりですが、長野県北部の地震でも、震源付近で数日前から小さな地震が多数発生しました。これらを必然的な「前震」活動とする解釈もありますが、それを裏付ける証拠はありません。むしろ、活断層面およびごく近傍で局地的に地震活動が活発になり、その中小地震のひとつが、活断層全体の動的破壊（10〜数十秒で断層全体がずれていく過程）を誘発したとみるほうが自然だと思います。

動的破壊過程の研究では、いったん断層面のどこかで変位（ずれ）が起こると、あとは雪崩を起こすように短時間で断層の末端までずれがおよぶことがわかっています。一度勢いがついたら止められないわけです。

このことから、活断層を動かすには、ある程度の歪みが蓄積した状態で、それを連鎖的に破壊させるための小変位、きっかけがあればよいことになります。活断層沿いで地震活動が活発になればなるほど、その確率が高まります。活断層という爆弾に着火するために、たくさんのマッチが擦られるというイメージです。

たとえば、２０１１年４月11日の福島県浜通りの地震は、井戸沢断層と湯ノ岳断層という２つの活断層によって引き起こされましたが、１ヵ月前の東北地方太平洋沖地震で、周辺はすでに異常なほどに地震活動が活発化していました。このような、地震活動の局所的な活発化は、他の要因（火山活動、水などの地下の流体の動き、プレート境界でのゆっくり滑り）などによっても生じます。そのような活発化した地震活動域の周辺に活断層が存在すると、「要注意」ということになります。

「火種」と地震発生確率

政府の地震本部では、地震発生確率を算定するにあたって準周期的な断層運動（大地震）の繰り返し（**図4-2**）を基本としています。しかし、実際は活動間隔も地震規模（地震時変位）も一定ではなく、むしろ大きく揺らいでいます。第4章では話が複雑になるので言及しませんでしたが、このような複雑性の中にも一定の規則性があるとする概念モデルがあります。その代表格として、時間予測モデル、変位予測モデルがあります（**図7-10**）。

時間予測モデルとは、最後に発生した大地震のときの変位量によって、将来発生する大地震の時間が予測できるというものです。このモデルは、地震本部の南海トラフ沿いの海溝型巨大地震の確率に採用されています。同地震の繰り返しによく当てはまるからです。

３・11前における史上最大の宝永地震（１７０７年、Ｍ８・６）では、断層が通常よりも大き

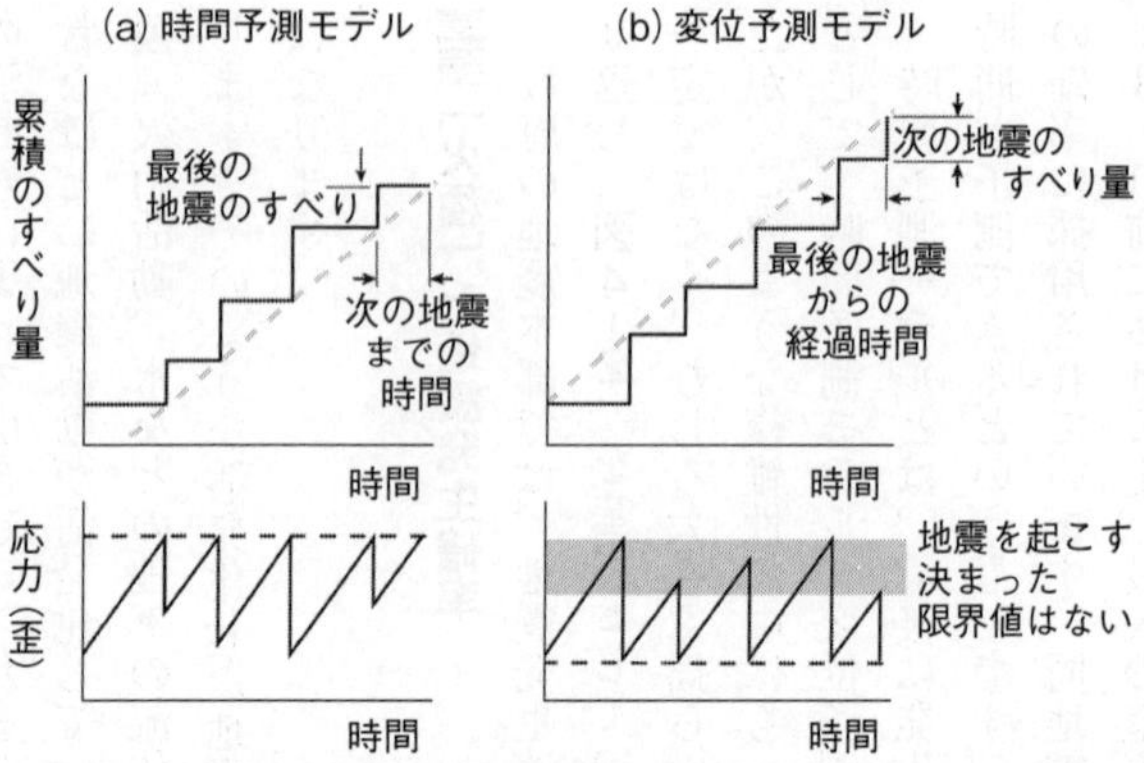

図7-10　時間予測モデルと変位予測モデル（Shimazaki & Nakata, 1980 を改変）

く変位しました。そのため、次の安政東海（１８５４年、Ｍ８・４）、安政南海（同年、Ｍ８・４）まで１４７年かかりました。この安政東海・安政南海地震から次の東南海地震（１９４４年、Ｍ７・９）、南海地震（１９４６年、Ｍ８・０）までは、わずか90年で発生しています。昭和に発生したこの２つの地震の規模が前の大地震よりも小さいので、将来起きる次の地震までの間隔は、90年よりもさらに短くなる可能性もあります。つまり、２０３０年頃よりも前になるかもしれないのです。通常、南海トラフ沿いの地震は１００年以上の活動間隔なので、次の大地震は早くても２０５０年頃だろうと考えますが、こうした理由により、地震発生確率が高く見積もられているのです。

この時間予測モデルを、応力（歪み）の蓄積という側面から考えてみましょう。このモデルでは地震規模が大きいほど応力の解放が大きいので、再度地震に至る歪みの「満期」に達するまでに時間がかかると解釈することができます（図7-10(a)下）。断層には一定の限界強度があるということです。

本題はもう1つの変位予測モデルです（図7-10(b)）。変位予測モデルとは、地震発生時間は予測できないけれども、仮に現在地震が発生すればどれだけの変位（ずれ）が生じるかがわかるという考え方です。ずれの大きさと地震規模はおおむね比例するので、地震規模予測モデルと言い換えてもよいでしょう。

地震活動の連鎖性や誘発現象という視点からは、時間予測モデルは成り立ちません。誘発は地震発生時間を拘束する現象だからです。発生時間が拘束されるという意味では、変位予測モデルと相性がよいのです。

図7-10(b)に示されるように、変位予測モデルは、最後の地震から次の地震発生の時点までに蓄積されていた応力（歪み）が変位量を決めます。変位量が大きくなれば、単純に地震の規模（マグニチュード）が大きくなります（といっても、第4章で見たように活断層の場合は少々複雑ですが）。

とくに重要な点は、活断層の強度に特定の限界応力レベルがなく、いわゆる応力蓄積の「満期」状態前でも発生します。その意味において、地震後経過率（最新活動期からの経過時間を平均活動間隔で割ったもの）が大きくなくても、近傍の地震に誘発される可能性が生じます。経過率は地震発生確率に直結するものです。経過率が低いと確率は低くなります。

熊本地震直前の布田川断層（布田川断層帯布田川区間）の30年地震発生確率は「ほぼ０～０・９％」でした。繰り返しますが、活断層は準周期的に動くという前提に立っているために、このような小さな値になるのです。地震後経過率が０・５を超える活断層に関しては、いつでも大地震を発生させる準備ができていると考えたほうがよいと思います。その前提で、周辺の地震活動や地殻変動から注意を促すような予測システムが求められています。

鳥取県中部地震（2016年）はなぜ起きたか

本書の校正段階にあった２０１６年10月21日14時7分に、鳥取県中部を震源とするM６・６の地震があり、倉吉市と湯梨浜町、北栄町で震度6弱を記録しました。現時点（11月2日）までの内閣府による情報では、負傷者28人、全半壊家屋５棟、損壊家屋８９１８棟ということです。この地震の震源断層は北北西－南南東方向の長さ10キロメートル程度の左横ずれ断層です。この地震は、２０１６年4月14日に発生した熊本地震のM６・５とほぼ同じ大きさです。しかも同じ横ずれ断層型です。

しかし、被害の大きさは震度7を記録した熊本地震に比べてきわめて小規模です。この差は、おそらく地盤の違いによるものです。今回の震源地は硬固な花崗岩地域です。これに比べて、熊本では震源地周辺には阿蘇カルデラからの火山性堆積物が厚く堆積していて、揺れが増幅されました。ただし、損壊家屋がみられた倉吉市中心部は川沿い、北栄町や湯梨浜町などは沖積低地にあります（第8章で紹介するJ－SHISで地盤増幅率が1・6以上）。

この地震でも、前述の「火種」が複数の段階であったようです。2015年の10月頃から中規模の地震が増え始め、本震の約2時間前（12時12分）には震源付近でM4・2の地震が起きました。そもそも倉吉市付近では、1943年鳥取地震（M7・2、後述）の大きな余震も起き、その後も地震活動が比較的活発でした。内陸地震の余震は数十年以上続く、と述べましたが、そのくすぶりが続く中で起きた地震ともいえそうです。

中国地方には、山口県から京都府北部にかけて地震活動の活発な地域が帯状に分布します（**図7－11上**）。鳥取県もその地震帯の一部で、意外にもふだんから地震が多い地域です。被害地震に関しても、1943年9月10日には鳥取市を震源とする鳥取地震（M7・2）、2000年10月6日には鳥取県西部地震（M7・3）が発生しています。とくに、1943年の鳥取地震は、鳥取市で1083名の死者、全壊家屋7485棟という大規模な被害をもたらしました。この地震では、長さ5キロメートルの吉岡断層、長さ8キロメートルの鹿野《しかの》断層という活断層が動き、最大1・5メートルの右横ずれが生じました。

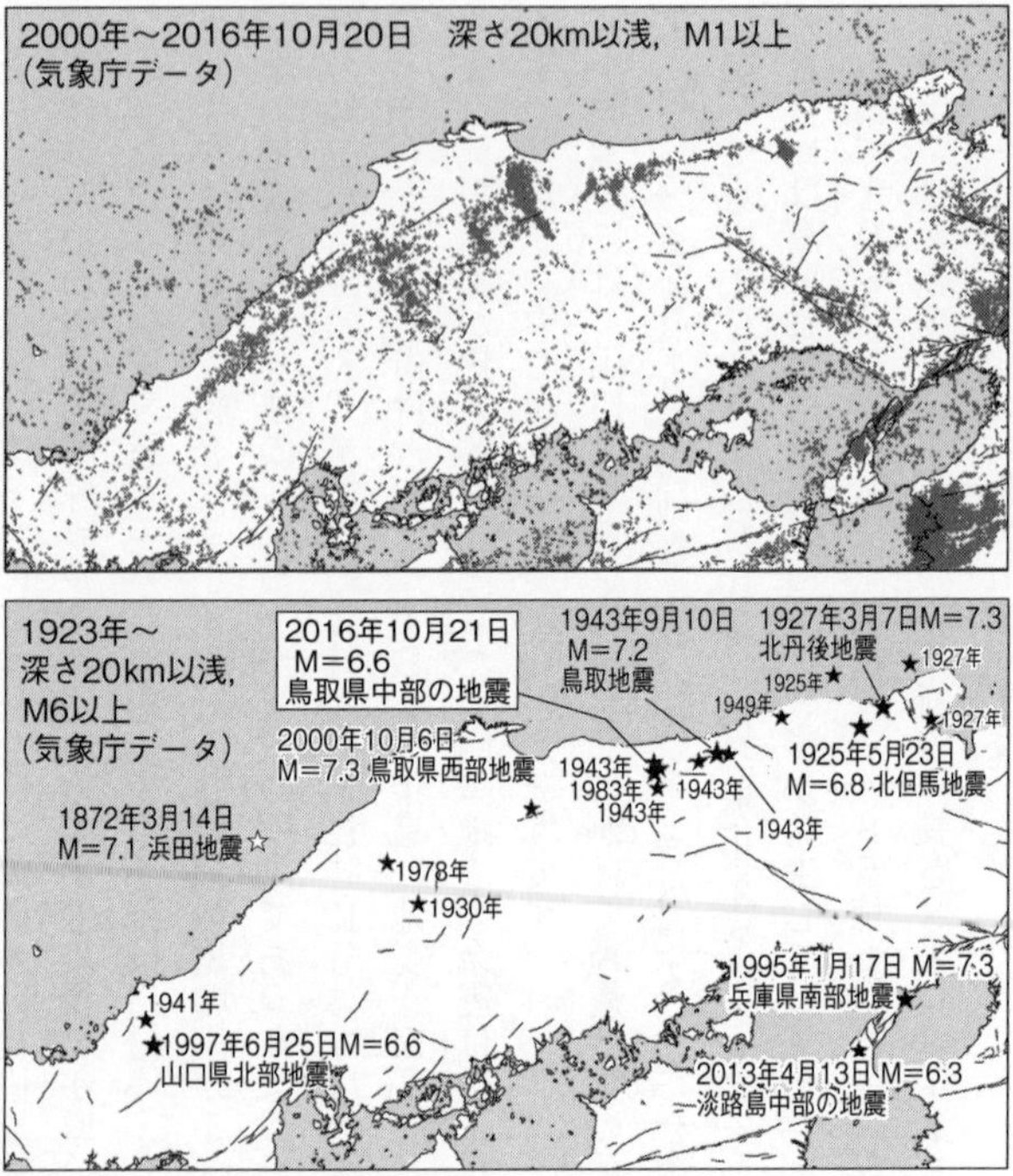

図7-11　中国地方の地震活動

山陰地域では、その他にも1872年浜田地震（M7・1）、1925年北《きた》但馬《たじま》地震（M6・8）、1927年北丹後地震（M7・3）など多くの被害地震が発生しています（**図7-11**下）。ごく最近では、1997年6月25日山口県北部地震（M6・6）もあります。

　これらの地震の特徴は、北西-南東方向の圧縮力による横ずれ断層型です。しかし、その圧縮をもたらす原動力はまだよくわかっていません。今回の地震の直後に、一部マスコミでは、「今回の地震のメカニズムは、フィリピン海プレートによる南からの押しの力」との解説がありましたが、それほど簡単なしくみではありません。もし、南海トラフからフィリピン海プレートの力が単純に伝達されるならば、なぜ南海トラフに近い山陽地域（広島や岡山など）よりも山陰で地震が多いのかが説明できません。また、活断層の多い近畿地方は、基本的に東西向きの圧縮力で地震が起きています。南海トラフによる影響もありますが、太平洋プレートからの圧縮力や伊豆半島が本州に衝突している力も加勢しており、かなり複雑です。

ところで、山陰地域には主要な活断層が少ないのに、なぜ大地震が多いのでしょうか。おそらく2つの理由が考えられます。

1つは、多くの小さな活断層が地下に隠れていて地表に顔を出していないからです（伏在断層）。まだ「ひよこ」のような成長過程の小さな断層が多いのです。また、出現しても消失されやすい地表環境も影響しています。この問題は、第5章の「未知の活断層とC級活断層問題」でも触れました。中国地方には花崗岩が広く分布しています。花崗岩は基本的に硬い岩盤なのですが、風雨に長期間さらされると表面が風化してマサといわれる砂になります。マサは山口や広島で多い土砂災害の原因にもなっています。この風化作用のため、断層が出現してもそのうちマサとなるので、断層変位地形が消失し、活断層が見いだされにくいのです。

2つ目は、山陰地域は長期間蓄積した歪みを解放するシステムができていないからです。短い活断層は散発的に存在します。しかし、近畿や中部地域に見られるような数十キロメートルもある大きな活断層は存在しません。基本的に、広域に蓄積した歪みは大きな活断層がないと効率的に解消されません。1つ長大な活断層があると、そのごく周辺には他の活断層は不要なのです。極端な例は四国の中央構造線活断層帯でしょう。

短い活断層が多数あったとしても、山陰地方のように大きな断層がないところでは歪みが解消されにくいのです(図7-12、このあたりは拙著『連鎖する大地震』にも詳しく記しています)。未成熟な断層システムといえます。したがって、そのような地域では地震は頻発しますが、地震規模としてはM7・3程度止まりで、M7・5を超えるような極端に大きな内陸地震は考えにくいです。

このような事情から、今回の鳥取県中部の地震を引き起こした「未知の活断層」は、どこにでもあるわけではありません。M6・5以上程度の被害を起こす地震は、まったくでたらめに起きるわけではないのです。起こりやすい地域を絞り込むことは可能だと思います。

一方、鳥取の地震を受けて気になるのが、南海トラフ巨大地震との関係です。図7-8にも示しましたが、静岡県沖から紀伊半島沖、四国沖の南海トラフ沿いでは、平均百数十年間隔でM8級の海溝型巨大地震が発生しています。この南海トラフ巨大地震前の40~50年、後の10年に、西

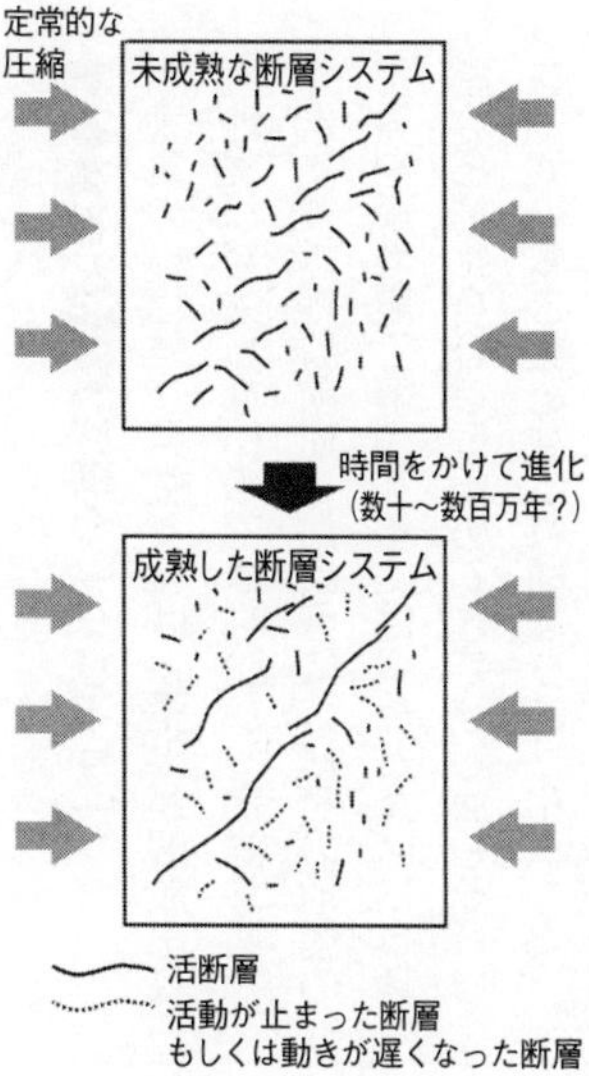

図7-12　断層システムの成熟度の概念図
広域的な歪みの解放システムと理解してもよい。成熟した断層システムでは、大規模な断層が大きな地震を起こして効率よく歪みを解放する。（Wesnousky, 1988を改変）

南日本で内陸大地震が多いと指摘されています。

メカニズムはまだよくわかっていませんが、どうやら経験的にそのような傾向があるようです。そのため、今回の鳥取県中部地震は、次の南海トラフ巨大地震の準備段階に入ったことを示唆するという考え方もできます。いつものように、「活動期に入った」「南海トラフ巨大地震の前兆」という報道もありました。しかし、前述のように、この地域はふだんから多数の地震が発生しています。伏在断層や短い活断層も多数存在します。そう短絡的には解釈できません。

コラム

ずるずると断層が動く「クリープ」

大量の小地震が発生すれば、歪みが解放されて大地震が発生しないのではないか、と誰しも考えます。ただ、前述したように、M7の地震の歪みを小地震で解消するには、たとえばM5地震なら約1000個集めてきて、しかもそれらを一列に敷き詰めなければなりません。

それよりも現実的なことは、地震につながるエネルギーを溜めてしまわないようにすることです。断層が固着しているとエネルギーは溜まってしまいます。ゆっくりとでも、常にずるずる滑っていれば、周辺に歪みは溜まりません。このゆっくりと地震を起こさない断層の滑りを「クリープ（creep）」といいます。

このようなクリープ断層が世界には複数存在します。最も有名な断層が、カリフォルニア州中南部を縦断するサンアンドレアス断層帯です。サンアンドレアス断層帯は、1000キロメートルを超える長大な活断層帯です。活断層といっても、陸に上がった横ずれ型のプレート境界なのですが、数十年に一度M6級の地震を起こす区間、200〜300年に一度M8級の巨大地震を起こす区間など、区間によって地震の起き方が異なります。その中で、クリープを起こしている区間もあります。

サンフランシスコ市街から車で1時間半くらい南下したところに、ホリスター（Hollister）という町があります。この町では、碁盤目状の道路をサンアンドレアス断層帯のカラベラス断層が斜めに横切っています。カラベラス断層は年に約1センチメートルの速さで右横ずれを起こしていて、道路や古い住宅を歪ませています。道路には何度も修復した跡がありますが、歩道などは昔のままで、断層を挟んで大きく食い違っているのがわかります。年間1センチメートルですから、1960年代に作られた歩道は、すでに50センチメートル以上ずれています（**図7-13**）。

このホリスターの郊外には有名なワイナリーがあり、その醸造所の建物の壁で米国地質調査所（USGS）が長年観測を行ってきました。余談ですが私は、米国長期滞在中やその後も含めて、おそらく10回程度このワイナリーを訪れているのですが、毎回運転手なので、悲しいかな一度もこの「断層ワイン」のテイスティングを楽しんだことがありません。

なお、クリープ断層は地震を起こさないとい

図7-13　ホリスター市でのカラベラス断層の右横ずれクリープ　歩道が大きく曲がっている。

うのは嘘で、正確には大地震を起こさないのです。小地震は断層に沿って多数発生します。小地震の分布を見ると、断層の分布がわかるくらいです。さらに厳密に言うと、本当にクリープしている断層部分は地震を起こさないのですが、その周辺に歪みが伝播して小地震を起こしているのです。

また、クリープが地表付近にだけ生じている場合もあります。サンフランシスコからベイブリッジを渡って対岸にあるバークレーやヘイワードといった都市の直下には、ヘイワード断層が通っています。このヘイワード断層も年間0・5ミリメートルでクリープしていますが、断層の浅い部分だけの現象で、深い部分は固着していて、1868年にはM7弱程度の大地震を起こしています。

日本では活断層としての明瞭なクリープ断層は報告されていません。しかし、海域のプレート境界の相模トラフや南海トラフ沿いでは、ゆっくり滑り（スロースリップ）という現象が観測されています。これらは常に滑っているわけではなく、数ヵ月や数年間隔で、スロースリップと固着を繰り返しているようです。

第8章

直下型地震に備える

写真／2008年岩手・宮城内陸地震で発生した荒砥沢ダム北方の巨大地すべり。アスファルト道路が突然消えて、広大な崩壊地が開ける。

海溝型地震との違い

2011年の東北地方太平洋沖地震の直後は、多数の余震や誘発地震が発生しました。その中にはM7、M6級の地震もあり、逆に地震の揺れに鈍感になったように思いました。「M9の超巨大地震を経験したので、M7程度の地震は大したことはない」という声も聞かれました。

しかし、東北地方太平洋沖地震のような海溝型地震と、熊本地震のような内陸地震は、同じ地震でもタイプが異なります。被災域の広がりや揺れの継続時間はマグニチュードに比例するのですが、揺れの強さは震源からの距離に関係します。東北地方太平洋沖地震では、岩手県から千葉県までのきわめて広い地域が震度6以上の揺れに襲われましたが、震度7は宮城県栗原市の一部だけでした。

震源距離が大きくなると地震波も減衰するので、海溝型地震では市街地で極端に大きな揺れに見舞われることは少ないのです(相模トラフや南海トラフ沿いの地震は、一部でプレート境界が陸地直下に位置するので、震度7も想定されている)。一方で、活断層による内陸地震は、直下から地震波が弱まることなく地表に到達します。そのため、震度7の地域が活断層周辺に生じることになります。

さらに、地震波の距離減衰は、波の種類によって異なります。地震波は、音楽と同様に、周期の異なる多様な波の重ね合わせです。マグニチュードが大きいほど広い帯域(短周期から長周期）の波を放出し、小さいと短周期成分に偏ります。

一般に平屋や二階建ての住宅は、キラーパルスと呼ばれる周期１秒前後の波が卓越する地震波によって破壊される傾向があります。本来、戸建て住宅の固有周期（地震などによって片側に揺れて戻るまでの時間）は０・２秒前後です。そのようなごく短周期で共振現象が生じやすいはずなのですが、大地震の最初の一撃で建物がダメージを受けると固有周期が１秒まで延び、それが後続の揺れによる大破壊につながるようです。

このような比較的短周期の波は、震源距離が長いと、長周期に比べて著しく減衰するといわれています。つまり、海溝型地震による地震波は、内陸に到達する頃には短周期成分が衰えていることが多いのです（逆に長周期の波は、柔らかく厚い堆積層で増幅され、高層ビルの固有周期と同期する）。内陸地震の場合は、短周期成分も衰えずにそのまま地表に到達し、震源直上に被害をもたらします。

内陸地震の場合、突然の揺れに備える時間がまったくありません。

東北地方太平洋沖地震とその余震では、緊急地震速報が頻繁に流れました。緊急地震速報は、P波とS波という速度の異なる２種類の波と、全国約１０００ヵ所に設置された地震計網を利用して、強い揺れが襲ってくる前に携帯電話、テレビ、ラジオなどで警報を発するものです。

たとえば、東北地方太平洋沖地震では、震度予測は外れましたが、速報から主要動の到達まで仙台で15秒、東京では1分も備える時間がありました。これは震央と東京が約350キロメートルも離れていたためです。しかし、内陸地震の場合、顕著な被害をもたらす震度6以上の地域は通常震源域の真上にあり、速報が流れるタイミングは揺れが始まった後になります。机の下に隠れる、建物から飛び出る、といったアクションを起こす時間もありません。

こうしたことから言えるのは、内陸地震における対策は、不意の強い揺れから命を守ることだとわかります。最も重要かつ効果的な対策は建物の耐震補強でしょう。それしかないと言ってもよいくらいです。

コラム

内陸地震で緊急地震速報が間に合った初めての例

図8-1(a)に示しているように、熊本地震では、当初熊本・大分地震といわれるほど、大分県側でも大きな揺れを観測しました。本震での由布市と別府市の震度は6弱です。いくら大分市や別府市の地盤が軟弱とはいえ、震源から70キロメートルも離れています。「揺れすぎでしょう」と多くの研究者が感じていました。

じつはこの揺れは熊本地震ではなく、熊本地震に誘発された由布岳直下のM5・7の地震によるものでした。図8-1(b)に防災科学技術研

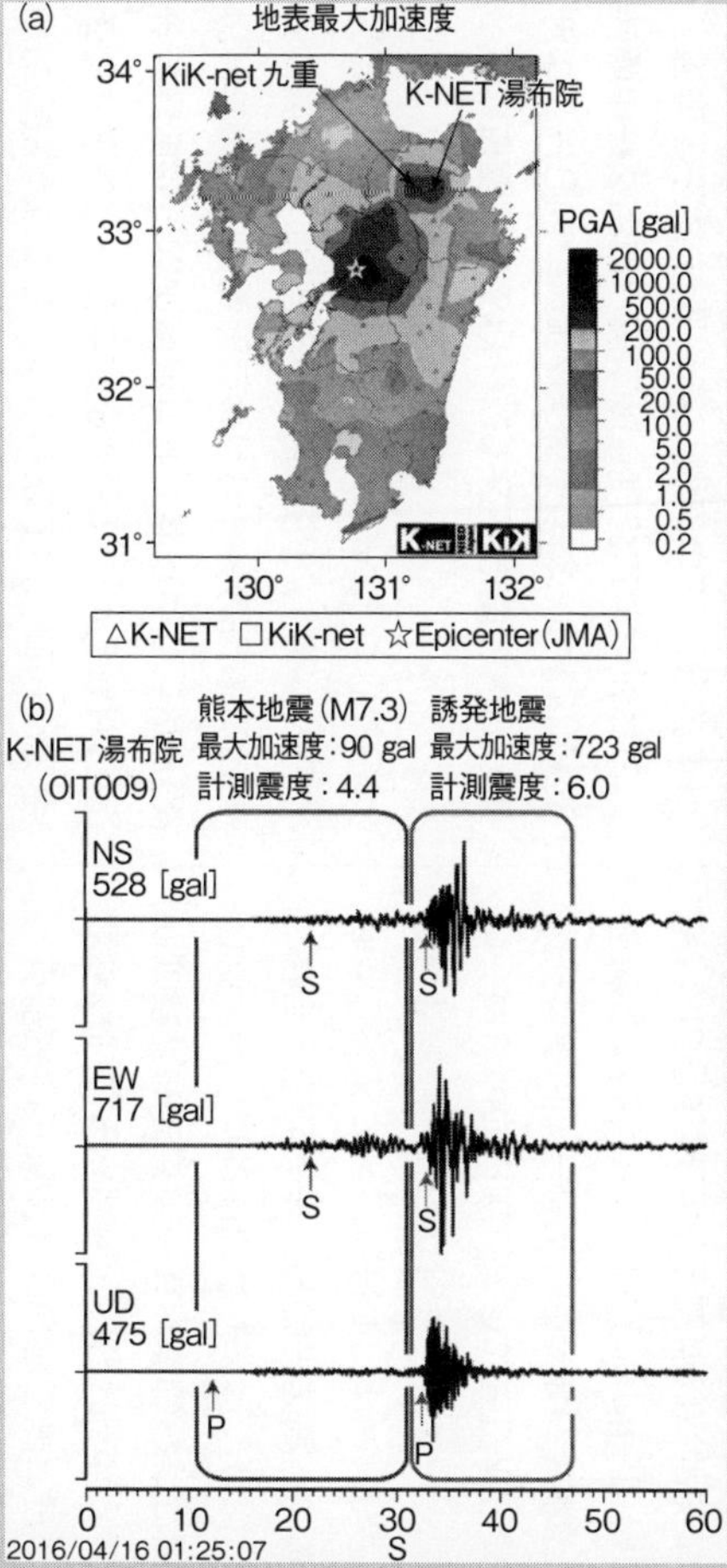

図8-1　熊本地震（M7.3）で観測された地表最大加速度（上）とK-NET湯布院での地震波形（下）（防災科学技術研究所資料より）

究所による資料を載せました。K-NET湯布院地点での波形記録を見ると、熊本地震によるS波の震動が継続している最中に、直下で誘発地震が起き、大きな振幅を記録しています。熊本地震自体の計測震度は4・4ですが、直下の誘発地震による震度は6です。本震直後はこのような詳細な区別は不可能なので、熊本地震で大分側でも震度6を表示することになったのでした。

さらに興味深いことに、内陸地震によって震度6以上の揺れに見舞われた地域として、緊急地震速報が初めて間に合った例になりました。

通常は内陸地震では、震度6以上の地域では、揺れの後に緊急地震速報が届きます。由布市や別府市では15秒程度の時間があったようですが、熊本地震の計測震度は4でした。

もちろん、これはあくまで偶然ですが、現地では結果的に誘発地震の強い揺れに身構える時間ができたようです。このことは、別府市にある京都大学地球熱学研究施設の竹村恵二教授から教えていただきました。

類似の例は、米国の歴史地震で指摘されています。アメリカではカリフォルニア州やネバダ州で地震が多いのですが、1811年12月〜1812年2月にミシシッピ川下流の町であるミズーリ州ニューマドリッドで、複数のM7級の地震が発生しました（ニューマドリッド地震）。この地震は東海岸などでも揺れを観測したため、当初M8を超える巨大地震と推定されていましたが、その後の研究で、遠方の揺れは直下で発生した誘発地震で増幅されていることがわかり、地震規模がM7級まで下がりました。

最近では地震波が通過する際に、地震が誘発される事例が多数報告されています。2004年スマトラ島沖地震や2011年東北地方太平洋沖地震などの超巨大地震では、地球規模で地震波による地震の誘発現象が報告されています（被害につながらない小さな地震ですが）。

県庁所在地と活断層

日本の主要都市や人口密集地は、平坦な広い土地と生活・農業・工業用水に恵まれた河川環境を求め、海岸に面する平野や広い内陸盆地内に作られています。そのような平坦な地形は、多くの場合、完新世（1万年前以降）に主要河川による大量の堆積物が低地を埋めてできたものです。つまり、日本の多くの都市は軟弱地盤の上に位置しているわけです。

また、このような低地に土砂を継続して堆積させるには、背後の山地に対して都市の地盤が相対的に下がり続けなければなりません。この相対的な高低差を形成する原因が、活断層なのです。

日本の県庁所在地の多くが、近傍に活断層を抱えています。**表8-1**には、各都道府県の県庁所在地と、震度6強以上の揺れをもたらす周辺の活断層をリストアップしました。防災科学技術研究所の地震ハザードステーション、地震本部発表の各活断層の評価結果をもとに作成しました。第5章で示したように、1つの活断層帯から複数タイプの地震シナリオが考えられますが、ここでは最悪のケースから抜き出しています。

47都道府県のうち、31府県で震度6強もしくは震度7の揺れが想定されています。その中でも、断層が市街地中心部直下を通過する都市は、1995年兵庫県南部地震で被災した神戸市以外にも、北から仙台市、長野市、富山市、福井市、甲府市、岐阜市、名古屋市、京都市、大阪市、和歌山市、福岡市、熊本市です。

いくつかの県庁所在地は、強震動をもたらす可能性がある断層帯が複数あります。中京圏から近畿圏の主要都市は、軒並み2つ以上の活断層帯からの影響が懸念されます。とくに、人口密集地である京都市、大阪市、福岡市がいかに活断層の脅威にさらされているのかがわかります。

表8-1では、地震本部によって公表されている各活断層帯の最大地震規模と、今後30年間の地震発生確率も示しました。確率値、とくにその最大値を見ると、山形市の山形盆地断層帯（8%）、横浜市の三浦半島断層群（11%）、金沢市の森本・富樫断層帯（8%）、大津市と京都市の琵琶湖西岸断層帯（3%）、奈良市の奈良盆地東縁断層帯（5%）、大阪市の上町断層帯（2~3

%）などがあります。

一方で、ほぼ0〜1%以下の表示も目立ちます。しかし、これまでに述べてきたように、活断層評価の中で最も不確実な情報は地震発生確率です。その確率算定の手法とその問題点は第4章で指摘しました。地震規模や揺れの予測以上に、地震発生の時間予測には、データ不足や信頼性などの不確実性が大きいのです。熊本地震を引き起こした布田川断層（布田川断層帯布田川区間）は、最大で0・9%とされていたにもかかわらず地震を起こしました。したがって、現時点で「ほぼ0%」だからといって、すぐに安心できるものではありません。

また、これらの結果は、地震本部の主要活断層帯のみに限定して示したものです。実際にはその他の活断層が近傍に分布する県庁所在地もあります。地震本部でも日本列島を大地域に区分して、地域ごとに順次見直しを行っていて、九州・中国・関東地方までの新たな主要活断層分布を公表しています（2016年10月現在）。

たとえば、山口市は断層運動によって生じた陥没盆地内に位置し、大原湖断層、小郡断層が横切っています。また、広島市は市街地直下を岩国－五日市断層帯が横切り、近傍には安芸灘断層帯、広島湾－岩国沖断層帯が分布しています。

横浜市とさいたま市を除く関東の都市は、活断層型の内陸地震の可能性は中部・近畿に比べれば低いですが、相模トラフ沿いのプレート境界型巨大地震（1923年の大正関東地震など）

都道府県	県庁所在地	活断層	想定最大M	30年確率(%)	最大震度
大阪	大阪市	上町断層帯	7.4	2-3%	7
		六甲・淡路島断層帯	7.1-7.9	ほぼ0-0.9%	7
		京都西山断層帯	7.5	ほぼ0-0.8%	7
		有馬ー高槻断層帯	7.0-8.0	ほぼ0-0.02%	6強
		生駒断層帯	7.0-7.5	ほぼ0-0.1%	6強
兵庫	神戸市	六甲・淡路島断層帯	7.1-7.9	ほぼ0-0.9%	7
		大阪湾断層帯	7.5	0.004%以下	7
		有馬ー高槻断層帯	7.0-8.0	ほぼ0-0.02%	6強
奈良	奈良市	生駒断層帯	7.0-7.5	ほぼ0-0.1%	7
		奈良盆地東縁断層帯	7.4	ほぼ0-5%	7
和歌山	和歌山市	中央構造線断層帯紀淡海峡ー鳴門海峡	7.6-7.7	0.005-1%	6強
鳥取	鳥取市	なし	ー	ー	ー
島根	松江市	なし	ー	ー	ー
岡山	岡山市	なし	ー	ー	ー
広島	広島市	なし	ー	ー	ー
山口	山口市	なし	ー	ー	ー
徳島	徳島市	中央構造線断層帯讃岐山脈南縁ー石鎚山脈北縁東部	8.0	ほぼ0-0.3%	6強
香川	高松市	中央構造線断層帯讃岐山脈南縁ー石鎚山脈北縁東部	8.0	ほぼ0-0.3%	6強
		長尾断層	7.1	ほぼ0%	6強
愛媛	松山市	中央構造線断層帯石鎚山脈北縁西部ー伊予灘	8.0	ほぼ0-0.3%	6強
高知	高知市	なし	ー	ー	ー
福岡	福岡市	宇美断層	7.1	ほぼ0%	7
		警固断層帯	7.0-7.7	0.3-6%	7
		日向峠ー小笠木峠断層帯	7.2	ー	7
		西山断層帯	7.3-8.2	ー	6強
佐賀	佐賀市	佐賀平野北縁断層帯	7.5	ー	7
長崎	長崎市	雲仙断層群	7.1-7.3	ほぼ0-4%	6強
熊本	熊本市	布田川断層帯宇土区間	7.0	ー	7
		布田川断層帯宇土半島北岸区間	7.2	ー	6強
		日奈久断層帯日奈久区間	7.5	ほぼ0-6%	6強
		日奈久断層帯高野ー白旗区間	6.8	ー	6強
大分	大分市	別府湾ー日出生断層帯東部	7.6-8.0	ほぼ0%	7
		大分平野ー由布院断層帯東部	6.7-7.5	0.03-4%	7
		別府湾ー日出生断層帯西部	7.3-8.0	ほぼ0-0.05%	6強
宮崎	宮崎市	なし	ー	ー	ー
鹿児島	鹿児島市	なし	ー	ー	ー
沖縄	那覇市	なし	ー	ー	ー

※シナリオによってきわめて限定的に震度6強以上の揺れをもたらす活断層はリストに入れていません。
※この表は2016年10月時点の評価をとりまとめたものです。あくまで目安として示したものです。詳細は地震ハザードステーションや各自治体の被害想定調査結果などを別途参照してください。

表8-1　県庁所在地と主要活断層

都道府県	県庁所在地	活断層	想定最大M	30年確率(%)	最大震度
北海道	札幌市	なし	―	―	―
青森	青森市	青森湾西岸断層帯	7.3	0.5-1	6強
		津軽山地西縁断層帯	6.8-7.3	不明	6強
岩手	盛岡市	なし	―	―	―
宮城	仙台市	長町ー利府線断層帯	7.0-7.5	1%以下	7
秋田	秋田市	北由利断層	7.3	2%以下	7
山形	山形市	山形盆地断層帯	7.3-7.8	0-8%	6強
福島	福島市	福島盆地西縁断層帯	7.8	ほぼ0%	6強
茨城	水戸市	なし	―	―	―
栃木	宇都宮市	なし	―	―	―
群馬	前橋市	深谷断層帯	7.9	ほぼ0-0.1%	6強
埼玉	さいたま市	綾瀬川断層帯	7.0-7.5	ほぼ0%	7
千葉	千葉市	なし	―	―	―
東京	東京(23区)	なし	―	―	―
神奈川	横浜市	三浦半島断層群	7	ほぼ0-11%	6強
新潟	新潟市	月岡断層帯	7.3	ほぼ0-1%	7
富山	富山市	呉羽山断層帯	7.2	0.6-1%	7
		魚津断層帯	7.3	0.4%以上	6強
石川	金沢市	森本富樫断層帯	7.2	2-8%	6強
		邑知潟羽山断層帯	7	2%	6強
		砺波平野断層帯西部	7.2	ほぼ0-2%	6強
福井	福井市	福井平野東縁断層帯	7.6	ほぼ0-0.07%	7
		柳ヶ瀬・関ヶ原断層帯主部(北部)	7.6-7.8	ほぼ0%	7
山梨	甲府市	曾根丘陵断層帯	7.3	1%	7
長野	長野市	長野盆地西縁断層帯	7.4-7.8	ほぼ0%	7
		糸魚川ー静岡構造線断層帯北部	7.7	0.08-15%	6強
岐阜	岐阜市	濃尾断層帯	7.7	ほぼ0%	6強
		柳ヶ瀬・関ヶ原断層帯主部(南部)	7.6-7.8	不明	6強
		養老ー桑名ー四日市断層帯	8	ほぼ0-0.6%	6強
静岡	静岡市	なし	―	―	―
愛知	名古屋市	猿投ー高浜断層帯	7.7	ほぼ0%	6強
		加木屋断層帯	7.4	0.10%	6強
三重	津市	布引山地東縁断層帯	7.6	0.00%	7
滋賀	大津市	琵琶湖西岸断層帯	7.1-7.8	ほぼ0-3%	7
		花折断層帯	6.8-7.3	ほぼ0-0.6%	7
京都	京都市	琵琶湖西岸断層帯	7.1-7.8	ほぼ0-3%	7
		花折断層帯	6.8-7.3	ほぼ0-0.6%	7
		京都西山断層帯	7.5	ほぼ0-0.8%	7
		生駒断層帯	7.0-7.5	ほぼ0-0.1%	6強
		有馬ー高槻断層帯	7.0-8.0	ほぼ0-0.02%	6強

や、深さ40〜100キロメートルで起こる深発地震などの危険性があります。また、四国南部や南九州も活断層による脅威は少ないですが、南海トラフから日向灘にかけての巨大地震や火山噴火の可能性が高い地域です。

■「日本中どこでも直下型大地震」のミスリード

多くの県庁所在地が、直下や周辺に活断層を抱え、内陸大地震の危険性が高いことがわかりました。また、第5章で示したように、活断層が図示されていない地域でも、未発見の伏在断層によってM7弱程度の地震の可能性はあります。内陸地震が発生するたびに繰り返されてきた「日本中どこでも直下型大地震が起きます」というコメントが、おおよそ間違っていないことがわかるでしょう。

しかしながら、今回の熊本地震では、このコメントが、かえって逆効果になっていることを痛感しました。「日本中どこでも直下型大地震が起きる可能性がある」ということは、「日本中どこでも同じ」と誤解されやすくなります。それがひいては「どこにいても同じ」という発想を生み、地震の危険性を気にかける必要性を感じなくなるようです。これが問題なのです。

熊本地震の直後に、「熊本で大地震が起こるとは聞いたことがない」という意見をテレビや新聞で見ました。しかし、政府の地震本部は、熊本県にも複数活断層があり、そのうちでも布田川断層帯、日奈久断層帯は主要な活断層で、大きな被害をもたらす可能性があることを指摘していました。また、熊本県など各自治体も、内陸地震の危険性や防災・減災対策の啓発に取り組んできたことは事実です。

おそらくは、発生確率がほぼ０％とされていたので危機感を感じなかったのかもしれません。また、東日本大震災後に津波対策や巨大海溝型地震に報道が偏向したことなどから、内陸地震への注意が足りなかったのではないかと思います。今回の現地調査でも、「ここに布田川断層が通っているというのは知っていたが、まさか本当に地震を起こすとは思わなかった」という声をしばしば聞きました。

一方で、活断層に関する間違った知識を持つと、こんどは活断層の詳細な分布・位置情報ばかりを気にしすぎるということにつながります。大学・研究所のオープンキャンパスや一般向けの講演会などでよく受ける質問として、「うちの近くを○○断層が通っていると聞いたけど大丈夫ですか」とか「市が配っている活断層図では○○断層は自宅を通過していないから安心してよいですよね」といったものがあります。第５章でも触れましたが、活断層による内陸地震の被害のほとんどが、強烈な地震動による建物の倒壊です。断層のずれによる被害はごくわずかです。重要なことは、地震動を引き起こす震源としての活断層と、揺れを増幅する軟弱地盤の分布を把握し、対策を講じておくことです。

J-SHIS地震ハザードステーション

その意味で、現在最も信頼できる情報ツールは、地震本部の評価をもとに作られたJ-SHIS地震ハザードステーションです。Google等で「地震ハザードステーション」と検索するか、http://www.j-shis.bosai.go.jp から直接アクセスできます。マップを表示させるには、そのページにある「スタートJ-SHIS」ボタンを押してマップを起動させてください。

J-SHISは防災科学技術研究所が運用しており、日本全国の地震ハザードの共通情報基盤として活用されることを目指して作られています。ウェブマッピングシステムで地図の拡大・縮小・移動などが自由に行え、250メートル四方の情報にまでアクセスできます。地震動予測地図の他、活断層の分布、活断層による地震発生確率、海溝型地震の震源域、表層や深部の地震動の増幅率分布、特定の活断層による想定地震動などの情報が閲覧できます。自宅や職場の地震危険度の目安として参考になると思います。

J-SHIS Mapには多くの機能が盛り込まれています。また、メニューには専門用語が並んでいて、一般の方々にとってまだ若干わかりにくい部分もあります。本書の目的である活断層による内陸地震のハザードに関して、閲覧方法を少し紹介しましょう。

まず、左上にある「震源断層」の囲みにある「主要活断層帯」と「その他の活断層」の右側の□（ボックス）にそれぞれチェックをつけます。そうすると、日本全国の確率マップに断層が重なって見えてきます。主要活断層帯は赤、その他の活断層は黒線で示されます。マップ左上の拡大ツールを使って拡大し、マップをドラッグして目的の位置に移動してください。断層を表示すると、活断層は震源として長方形で表されています。これは、傾斜した断層を真上から眺めている状態です。そのため、鉛直傾斜の断層は長方形ではなく線での表示になります。

この状態では、濃赤から黄色で示される「確率論的地震動予測地図」の上に断層が示されていると思います。マップの上にあるタブ列を「想定地震地図」に変更してください。そうすると先ほどの色が消え、地理院地図が表示されます。この状態で、特定の活断層にカーソルを移動させ、クリックしてみてください。この活断層が大地震を起こすときの想定震度分布図が示されます。背景の地図が見にくいようでしたら、ページ左上の「透過率」を上げてください。自宅付近の想定震度を詳しく調べたい場合は、これを最大限拡大すると２５０メートル四方までの情報が示されます。

多くの活断層で複数の地震シナリオが想定されています。そのため、地図とタブ列の間に複数のケースを選択できるようプルダウンメニューが用意されています。

次に閲覧してほしいマップは、活断層による内陸地震のハザードマップです。正確には「活断層など陸域と海域の浅い地震（再来間隔が数千年オーダーの地震、および震源断層を予め特定しにくい地震のうち、陸域と周辺海域の地震)」です。そのために、再度「確率論的地震動予測地図」をクリックしてください。また暖色系の背景に変わるはずです。そこで、このタブのすぐ下にある「全ての地震」のプルダウンメニューから「地震カテゴリーIII」を選択してください。そうすると暖色系で示される地震動確率が内陸地震のものに変化します。

たとえば、四国では「全ての地震」では濃い赤(26%以上)ですが、「地震カテゴリーIII」では黄色からオレンジ色になります。南海トラフ沿いの巨大地震の影響が消えたからです。逆に新潟県に移動して同じことをすると、両方で色の変化がないことがわかります。新潟県に被害をもたらす地震はすべて活断層による内陸地震だからです。

ちなみにこの地図では、確率算定の平均ケースが表示されますが、最大ケース(最悪ケース)も選ぶことができます。また、震度の設定もプルダウンメニューから変えられます。

最後に、閲覧を忘れてはならないマップは、「地盤増幅率」です。「表層地盤」タブをクリックしてください。そうすると寒色系から暖色系までの10色で地盤増幅率、すなわち表層地盤条件による揺れやすさが表示されます。暖色系の地域では地下からの地震動が増幅、寒色系では減衰します。震源がどこにあっても、基本的に暖色系の地域は揺れやすくなります。

前述したように、主要都市は沖積平野に位置します。また一級河川もあり、その周囲はとくに軟弱です。この地表地盤マップを全国規模で見ると、関東平野や濃尾平野、大阪平野・京都盆地などで暖色が目立ちます。その他、活断層による震度7の可能性が指摘されている、秋田平野、仙台平野、新潟平野、福井平野、奈良盆地、佐賀平野などでも広い地域で揺れが増幅されることが想定されています。

このマップでは最大250メートル四方までの情報が出されていますが、この表層地盤は実際のボーリング等で地盤をくまなく調べたわけではなく、あくまでも、地形と表層地盤の関係性がよいという仮定で、微細な地形（微地形）に基づいて推定されたものです。詳細については不確実性が高いということに注意が必要です。

なお、ここで記した閲覧手順は2016年11月時点のものです。今後、ツールの使い方や評価結果が変更されるかもしれません。

活断層と津波、液状化、斜面崩壊

活断層による内陸地震では、地震動と断層変位による構造物への直接被害が主なものです。その一方で、沿岸海域に分布する活断層からは、海溝型地震と同様に津波も発生します。

津波については、東日本大震災以降、国土交通省および海に面する自治体では独自の被害想定・防災対策が実施されています。とくに日本海側の道府県では、国土交通省がとりまとめた日本海東縁の活断層帯をもとに、津波想定の再検討が行われています。

　また、液状化被害も深刻な場合があります。液状化現象とは、地下水で満たされた軟弱な砂層や人工埋め土などが、強い地震動によって液体状になることです。地下では、揺れによって砂粒子と水の分離が起こります。この分離現象で水圧が部分的に高まることによって、地下水や砂を含んだ水（噴砂）を地表まで噴き上げたり、地面が強度を失い流動化し水平方向に動くこともあります（側方流動）。

　1964年6月16日に発生した新潟地震（M7・5）では、信濃川沿いにある鉄筋コンクリート4階建て県営アパートが液状化によって傾き、横倒しになった状況がテレビで映し出されました。その他、各地で噴水・噴砂、マンホールの抜け上がりなどが多数発生し、市内では1500棟の鉄筋コンクリート建物のうち310棟が被害を受けました。新潟地震は海域で発生した地震ですが、これも沿岸域の活断層によるものです。震源直上付近に位置する粟島では、約1メートルの隆起が確認されています。

　1995年の兵庫県南部地震（阪神・淡路大震災）でも、西宮浜やポートアイランドなどの人工島で深刻な液状化の被害が出ました。港の沈降や噴砂が著しく、国際貿易港である神戸港の機能停止の原因にもなりました。

　一般に液状化現象は、揺れの強さとともに、揺れの継続時間にも関係するとされています。そのため、地震規模が大きく、継続時間の長い巨大海溝型地震で、大規模な液状化が発生する場合が多いのです（たとえば、東北地方太平洋沖地震による東京ディズニーランド周辺舞浜地区の液状化）。しかし、内陸地震でも表層の地質によっては、重大な液状化被害が懸念されます。内陸活断層のトレンチ調査では砂だけではなく、大量の礫（砂粒よりも大きな砕屑物）が噴出した痕跡が見つかることがあります。多くの場合、直下やごく近傍の活断層によって震度７の猛烈な揺れが発生したためと推定しています。

このような過去の液状化の跡は、考古遺跡に噴砂痕や砂脈（砂の詰まった割れ目）として出現します。これをもとに大地震の発生時期や発生場所を特定する研究分野を地震考古学といいます。地震考古学は日本で始まった研究手法で、寒川旭さん（産業技術総合研究所）によって確立されました（詳しくは『地震考古学』中公新書など）。

津波、液状化よりも深刻なのが斜面崩壊です。内陸地震被害の特徴の最たるものです。２００４年の新潟県中越地震では、２６７ヵ所の土砂災害が発生し、４人が巻き込まれて亡くなっています。また、斜面崩壊による道路の寸断で長岡市、小千谷市、山古志村などで最大61の集落が孤立しました。

２００８年の岩手・宮城内陸地震でも、栗駒山山麓で地すべりや土石流、斜面崩壊、落石などが約４１００ヵ所で発生しました。同地震の死者・行方不明者23名のうち18名が、このような斜面災害に巻き込まれたものでした。また、一関市から栗駒山に向かう国道３４２号線の祭畤《まつるべ》大橋が、大規模地すべりによって落橋しました。熊本地震でも、阿蘇大橋の落橋の原因となった立野地区の大規模崩壊は記憶に新しいところです。熊本地震の場合は、地震で崩壊したり緩んだりした斜面が、その後の6月の豪雨でさらに崩壊し被害が拡大しました。

地震による斜面崩壊の恐ろしい点は、天然ダムの発生とその決壊です。山間部の河川、とくに川幅・谷幅の狭い支流で斜面崩壊が発生すると、土砂によって河川が閉塞され（河道閉塞）、上流側に堰き止め湖が生じます。これが土砂を上回るか、湛水の荷重や水圧が崩土の強度を超えると、決壊が生じ、下流側に大規模な被害をもたらします。

記憶に新しいところでは、2004年の新潟県中越地震、2008年の岩手・宮城内陸地震があります。中越地震では、山古志村東竹沢地区で大規模地すべりが発生し、芋川を閉塞し、最大で256万立方メートル（新潟県庁13杯分）もの水を堰き止めたことが報告されています（新潟県土木部砂防課による）。また、岩手・宮城内陸地震でも多数の天然ダムが形成されましたが（図8-2(a)）、ポンプによる排水や開削工事で難を逃れています。

しかし、そのような技術のなかった過去の内陸地震では、天然ダム決壊による悲惨な状況が古文書に記されています。たとえば、1847年5月8日に現在の長野市周辺に被害をもたらした善光寺地震（推定M7・4）では、犀川に面する虚空蔵山が崩壊し、その上流広域で水を堰き止め、数十の村々が水没しました。堰き止め湖の長さは30キロメートルにもおよんだとされています。地震から2週間後には水の流出が始まり、下流では810の家屋が流出し、100名余りが亡くなりました。

善光寺地震から11年後の1858年には、現在の富山県・岐阜県（飛驒・越中・加賀・越前）を飛越地震（推定M7・1）が襲いました。この地震は跡津川断層が動いたことによると考えられています。飛越地震では、常願寺川上流の大鳶山と小鳶山が崩壊して上流の川を堰き止め、長さ約8キロメートルもの天然ダムができたと言われています。地震から2週間後と2ヵ月後に決壊が起こり、金沢領、富山領であわせて150もの村が流され、140名以上の溺死者が出たと記録されています。

活断層による内陸地震では、単に地震動による斜面崩壊だけにとどまりません。断層の地表変位が直接的な引き金となって、大規模な崩壊が発生する場合もあります。2008年の岩手・宮城内陸地震では、二迫川の荒砥沢ダム上流側で巨大地すべりが発生しました（本章扉写真、**図8-2**(b)(c)）。この地すべりは長さ約1300メートル、幅約900メートル、最大の深さ150メートルにもおよび、土塊はダムに向かって約300メートルも移動しました。そのため、ダム内で小規模な津波も発生しました。

この巨大地すべりは、地震の揺れによって誘発されたと言われていますが、じつは第2章で紹介したように、滑落崖の地点には地震断層が通過していて、最大約8メートルの右横ずれと4メ

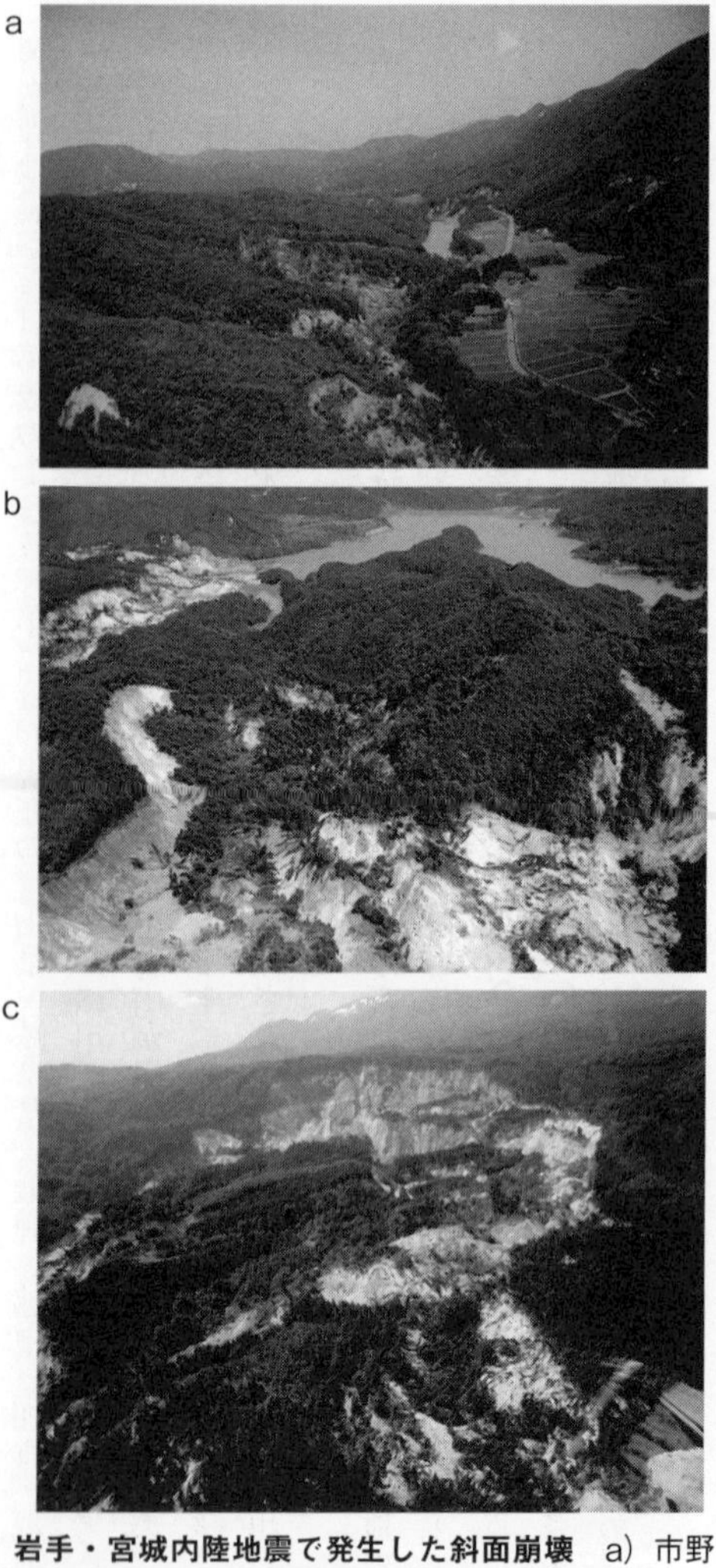

図8-2　岩手・宮城内陸地震で発生した斜面崩壊　a）市野々原の河道閉塞と天然ダム　b）c）荒砥沢ダム上流の巨大地すべり

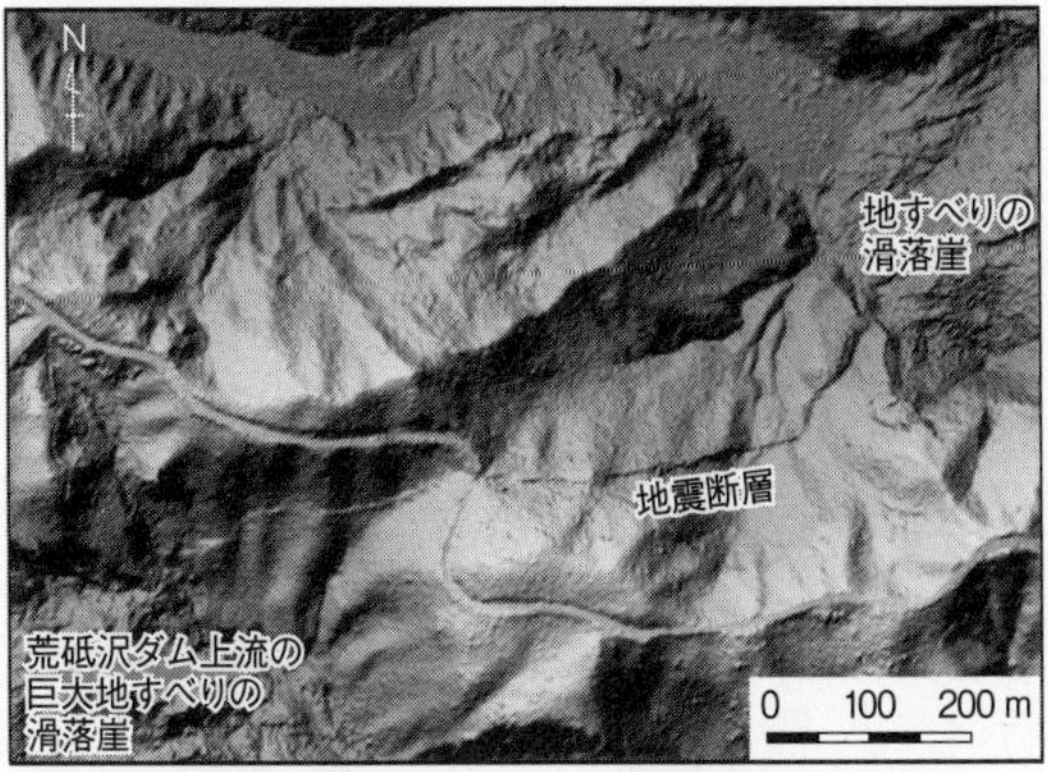

図8-3　荒砥沢巨大地すべり付近の地震断層（丸山ほか、2009に加筆）

ートルの上下変位が生じました（**図8-3**）。地すべりは、栗駒山山麓に分布する脆い火山噴出物と溶結凝灰岩（溶岩のような堅い岩石）が、柔らかい湖成堆積物の地すべり面を境に動いたと言われています。しかし、我々は、最初の動きは滑落崖付近の断層変位であったとみています（実際はどこまでが地震動によるのか、どこからが断層のずれによるのかを区別することは不可能ですが）。

このように活断層沿いの危険性として、断層のずれによる構造物の破壊とともに、山地では断層運動にともなう断層崖や斜面の崩壊の可能性についても、地震ハザードマップに図示する必要がありそうです。

あとがき

「素晴らしい断層だ」「教科書のような凄いずれだ」「こんな興味深い現象は初めてだ」。地表に現れた断層を前にして、我々研究者が好奇心に溢れた表情で思わず口にしてしまう言葉です。熊本地震では、布田川断層がまさに数千年の眠りから目覚めました。地震直後の新鮮な断層に、正直興奮を隠しきれませんでした。

本書に記したように、地震断層の出現は10年弱に一度の頻度です。仮に研究者人生が50年としても、地震断層に遭遇するのはわずか5回程度です。さらに、特定の活断層の動きに遭遇するのは奇跡的とも言えます（布田川断層が仮に2500年に一度動くとすると50分の1の確率）。現場の生の断層は貴重な研究対象なのです。

この研究対象としての地震と断層。残念ながら我々の研究には他人の不幸がどうしてもつきまといます。被災された方々への申し訳ない思い、救助や緊急支援を妨害していないかどうかという不安、不謹慎な発言や行為をしていないかという自戒、いろいろな思いが常に錯綜します。

1995年（平成7年）1月17日に起こった阪神・淡路大震災（兵庫県南部地震）。このとき、私は活断層研究を始めたばかりで、学位も持っていない若造でした。調査と称し、2日後の

19日早朝には西宮から歩いて被災地に入りました。地表地震断層を神戸市街で探すのが目的でした。倒壊した住宅やビルの合間を歩きまわり、一日中サイレンの鳴り響く中を、同僚と二人で歩き続けました。一生で最も距離を歩いた一日でした。

被災された方々の視線を気にしながら、カメラを時折懐から取り出し、被害の状況を1ロール分だけ撮影しました。その一枚が第1章の扉写真です。持参した食料・水が少なく、お菓子ひとつ残っていないコンビニに立ち寄りもしました。悲しいことに、白い布をかけられたご遺体も見ました。なんで自分は人助けもせずに、調査なんて悠長なことをやっているんだ、という罪悪感にさいなまれました。車で現地入りしなかったことが唯一の心理的な救いでしたが、結局、神戸市街地に地震断層は見いだせず、足にマメを作って疲れ切って深夜に大阪に戻ってきました。

この経験がトラウマになり、暫く被災地に入って断層調査を行うことができませんでした（本書に2000年鳥取県西部地震や2004年新潟県中越地震の記載が少ないのもそのためです）。しかし今となっては、この忘れがたい経験が自分を支えています。何のために活断層の研究を行っているのか、振り返るときにいつも「神戸」を思い起こすことにしています。

一方で、本書で紹介したカリフォルニア州の砂漠地帯で発生したランダース地震（M_W7・3）、アラスカ州の凍りついた大地で発生したデナリ断層地震（M_W7・9）は、ともに凄まじい規模の地震ですが、死者は前者でわずか3人、後者はゼロです。当然ですが、どれだけ大きな地震が起きようとも、震源地に人間活動・社会活動がなければ災害になりません。そこには純粋な自然現象の研究対象としての地震現象と断層だけが存在するわけで、誰も不幸になっていません。

研究者の立場からすると、これほど羨ましい状況はありません。事実、多くの欧米の研究者は地震や断層を純粋に科学として研究し、日々論文執筆に励んでいます。日本の地震・地殻変動データの公開や流通が進んだので、日本人研究者が観測や現地調査で忙しい中、皮肉にも欧米から先に研究論文が公開されることも多々あります（論文審査も欧米人が担当する場合が多いので、残念ながら、現場の実状に即していない研究成果もみられます）。良くも悪くも、彼らに日本人研究者が持っているような悲壮感や責任感は少ないように感じます。

日本の場合は、災害に結びつかない大地震は深発地震以外ではきわめてまれです。大正関東地震は関東大震災、兵庫県南部地震は阪神・淡路大震災、東北地方太平洋沖地震は東日本大震災、というように、甚大な被害をもたらした地震は一般には震災名で呼ばれてきました。徐々にではありますが、このような災害を経験し、建築基準法の改正や各種の防災対策が進んだお陰で、同じ地震規模でも亡くなる方々は少なくなっているように感じます。地震の揺れに対する建築工学、都市工学などの進歩、緊急地震速報などのテクノロジーには目を見張るものがあります。

しかしながら、それに比べて地震現象そのものへの科学的理解は、（着実ですが）きわめてゆっくりです。私が子供の頃の1970年代、80年代には、未来予想のひとつに地震予知が必ず取り上げられていました。「地震予知は21世紀早々に実現する」といわれていたことを記憶しています。現在では、それぞれ1000ヵ所以上の地震観測点と電子基準点（GPS連続観測）で、常時日本列島の地震活動と地殻変動が監視されています。このような国は世界では日本と台湾くらいです。この観測体制の構築も1995年の阪神・淡路大震災がきっかけです。

これほど精度が高く密なデータが得られれば、地震のメカニズムに肉薄できると考えられていました。実際に、プレート境界がずるずるすべる「スロースリップ」や「超低周波地震」など、これまで認識できなかった地面の詳しい動きがわかるようになりました。また、マグニチュードが1を下回る微小な地震も検知されるようになり、本書で紹介したように、大地震前の「前震」活動の議論も可能になりました。

一方で、逆にデータが増えれば増えるほど自然現象の複雑さが浮き彫りになり、予知予測の難しさも同時に認識されるようになりました。断層運動という地下深部の見えない現象を地震波や地表の変動から推定する難しさをあらためて感じています。

本書のテーマである活断層。この活断層の動きを理解するには、さらに途轍もなく長い時間を考えなければなりません。究極の目標は、過去数十万年、数万年、数千年の断層の動きを調べ、それをもとに、わずか10秒、20秒程度で進行する一瞬の断層運動（地震）の予測に繋げることです。途方もなく難しい作業です。

これからも容赦なく大地震は起こり続けます。建物は強くできても、地震を制御できるわけではありません。過密化した都市直下での内陸地震は、まだ阪神・淡路大震災以降経験していません。今後想定もしていない被害がもたらされる可能性があります。私の行ってきた活断層研究が地震の予測や防災・減災にすぐに役立つとは考えていませんが、地学現象のひとつとしての活断層を理解していただくことが、遠回しに防災・減災にも繋がるのではないかと考えています。本書がその一助となれば幸いです。最後までお読みくださりありがとうございました。

本書は、好奇心溢れるノンフィクション作家の山根一眞さんのご質問から端を発したものです。「左横ずれ断層と右横ずれ断層の違いがわからない。同じことではないか」「震度階級はなぜ7までなのか、10にできないのか」「今回（熊本地震）の活断層や地震について、いい加減な情報がネットで出回っていて、何が本当だかわからない」といった山根さんのストレートな質問や要望にメールでお応えするうちに、我々専門家と国民の皆さん方との間の「断層」を感じつつありました。そんな折りに、山根さんのご紹介で本書の編集担当である篠木和久さんに出会うことができました。執筆の機会を与えてくださったお二人に感謝申し上げます。

最後に、著者のこれまでの研究活動でお世話になった皆さん一人一人にお礼申し上げたいところですが、限りがありません。熊本地震をはじめ本書に記した地震断層については、粟田泰夫さん、金田平太郎さん、丸山正さん、吉見雅行さん、阿部信太郎さん、吉岡敏和さん、岡田真介さん、石村大輔さん、丹羽雄一さん、小俣雅志さん、森良樹さん、郡谷順英さん、山崎誠さん、原口強さん、吉永佑一さん、奥村晃史さん、中田高さん、堤浩之さん、熊原康博さん、後藤秀昭さん、吉田春香さん、高橋直也さん、奥野充さん、Zoe Mildonさんと調査をともにしました。井上大榮さん、永田秀尚さん、矢来博司さんには、執筆過程で写真や図の提供を受けました。首都大学東京の石村大輔さんには専門家の立場から内容をチェックしていただきました。以上、感謝を申し上げて、筆を擱くことにします。

平成28年11月

遠田晋次

誌，119，105-123.
Wesnousky, S. G., 1988, Seismological and structural evolution of strike-slip faults. Nature, 335, 340-343.
Wesnousky, S. G., 2006, Predicting the endpoints of earthquake ruptures, Nature, 444, 358-360.

●出版物

活断層研究会，1991，『新編日本の活断層　分布図と資料』，東京大学出版会，437p.
太田陽子・島崎邦彦編，1995，『古地震を探る』，古今書院，215p.
松田時彦，1992，『動く大地を読む』，岩波書店，158p.
中田　高・今泉俊文編，2002，『活断層詳細デジタルマップ』，東京大学出版会，60p.
寒川　旭，2010，『秀吉を襲った大地震　地震考古学で戦国史を読む』，平凡社新書，277p.
寒川　旭，1992，『地震考古学　遺跡が語る地震の歴史』，中公新書，251p.
寒川　旭，2007，『地震の日本史　大地は何を語るのか』，中公新書，268p.
遠田晋次，2013，『連鎖する大地震』，岩波科学ライブラリー，109p.
宇佐美龍夫ほか，2013，『日本被害地震総覧599-2012』，東京大学出版会，724p.
横田修一郎ほか，2015，『ノンテクトニック断層　識別方法と事例』，近未来社，248p.

●日本の活断層および地震情報に関するウェブサイト（2016年11月時点）

活断層データベース（産業技術総合研究所　地質調査総合センター），https://gbank.gsj.jp/activefault/index_gmap.html
20万分の１日本シームレス地質図（産業技術総合研究所　地質調査総合センター），https://gbank.gsj.jp/seamless/
都市圏活断層図（国土地理院），https://www1.gsi.go.jp/geowww/bousai/menu.html
気象庁地震情報（気象庁），http://www.jma.go.jp/jp/quake/
Hi-net自動処理震源マップ（防災科学技術研究所）http://www.hinet.bosai.go.jp/hypomap/
J-SHIS地震ハザードステーション（防災科学技術研究所），http://www.j-shis.bosai.go.jp
長期評価（地震調査研究推進本部），http://www.jishin.go.jp/evaluation/long_term_evaluation/
地震動予測地図（地震調査研究推進本部），http://www.jishin.go.jp/evaluation/seismic_hazard_map/
地理院地図（国土地理院），http://maps.gsi.go.jp

西村卓也，2010，測地観測によって明らかになった新潟県中越沖地震に伴う地殻変動と地震に同期した活褶曲の成長，活断層研究，32，41-48.
野村俊一，2015，活断層で繰り返される地震の点過程モデルとその長期確率予測，統計数理，63，83-104.
岡田篤正，2012，中央構造線断層帯の第四紀活動史および地震長期評価の研究，第四紀研究，51，131-150.
Okada, S., et al., 2015, The first surface-rupturing earthquake in 20 years on a HERP active fault is not 'characteristic:' The 2014 Mw=6.2 Nagano event along the northern Itoigawa-Shizuoka Tectonic Line, Seismol. Res. Lett., 86, 1287-1300.
岡本敏郎・菅原　純，2008，新幹線を横断し将来の活動性が高い活断層に対する対策法の基礎的検討，土木学会第63回年次学術講演会講演要旨集，341-342.
Parsons, T. et al., 2000, Heightened odds of large earthquakes near Istanbul: An interaction-based probability calculation, Science, 288, 661-665.
Schwartz, D. P. and Coppersmith, K. J., 1984, Fault behavior and characteristic earthquakes: examples from the Wasatch and San Andreas fault zones, J. Geophys. Res., 89, 5681-5698.
Shimazaki, K. & Nakata, T., 1980, Time-predictable recurrence model for large earthquakes, Geophys. Res. Lett., 7, 279-282.
下川浩一ほか，1995，糸魚川-静岡構造線活断層系ストリップマップ．構造図，11，地質調査所.
Sieh, K. et al., 1993, Near-Field Investigations of the Landers Earthquake Sequence, April to July 1992, Science, 260, 171-176.
Stein, R. et al., 1997, Progressive failure on the North Anatolian fault since 1939 by earthquake stress triggering, Geophys. J. Int., 128, 594-604.
Sugito, N. et al., 2016, Surface fault ruptures associated with the 14 April foreshock (Mj 6.5) of the 2016 Kumamoto earthquake sequence, southwest Japan, Earth, Planets and Space, 2016 68:170.
杉山雄一，1997，上町断層系の反射法地震探査，平成８年度活断層研究調査概要報告書，工業技術院地質調査所，地質調査研究資料集，No.303，105-113.
武村雅之，1998，日本列島における地殻内地震のスケーリング則-地震断層の影響および地震被害の関係-，地震，２，51，211-228.
佃　栄吉ほか，1993，2.5万分の１，阿寺断層系ストリップマップ説明書，構造図（７），地質調査所，39p.
都司嘉宣，構造線断層帯付近の過去の地震活動の解明，糸魚川－静岡構造線断層帯および宮城県沖地震に関するパイロット的な重点的調査観測，平成15年度成果報告書，文部科学省研究開発局，2004．77-86..
堤　浩之・遠田晋次，2012，2011年4月11日に発生した福島県浜通りの地震の地震断層と活動履歴，地質学雑誌，118，559-570.
遠田晋次ほか，1994，阿寺断層系の最新活動時期：1586年天正地震の可能性，地震，47，73-77.
遠田晋次ほか，2010，2008年岩手・宮城内陸地震に伴う地表地震断層―震源過程および活断層評価への示唆―，地震，２，62，153-178.
遠田晋次，2013，内陸地震の長期評価に関する課題と新たな視点，地質学雑

〈参考文献〉

●原著論文

浅田　敏，1991，活断層に関する2～3の問題，活断層研究，9，1-3.

粟田泰夫ほか，1996，1995年兵庫県南部地震に伴って淡路島北西岸に出現した地震断層，地震2，49，113-124.

Barka, A.,1999, The 17 August 1999 Izmit earthquake, Science, 285, 1858-1859.

Dieterich, J., 1994, A constitutive law for rate of earthquake production and its application to earthquake clustering, J. Geophys. Res., 99, 2601-2618. 80, 458-464.

Fujiwara et al., 2016, Small-displacement linear surface ruptures of the 2016 Kumamoto earthquake sequence detected by ALOS-2 SAR interferometry, Earth, Planets and Space, 68:160.

Fukushima, Y., Y. Takada, and M. Hashimoto, 2012, Complex Ruptures of the 11 April 2011 Mw 6.6 Iwaki Earthquake Triggered by the 11 March 2011 Mw 9.0 Tohoku Earthquake, Japan, Bull. Seism. Soc. Am. Vol. 103, 1572-1583.

原口　強ほか，2007，高分解能音波探査で明らかになった青木湖湖底の神城断層の形状，日本地球惑星科学連合大会予稿集，S141-P012.

長谷川　昭，1991，地震波でみた火山の深部構造，科学，566-569.

Ishibashi, K., 2004, Status of historical seismology in Japan, Annals of Geophysics, 47, 339-368.

石村大輔・岡田真介・丹羽雄一・遠田晋次，2015，2014年11月22日長野県北部の地震（Mw6.2）によって出現した神城断層沿いの地表地震断層の分布と性状，活断層研究，43，95-107.

King et al., 1986, Speculations on the geometry of the initiation and termination processes of earthquake rupture and its relation to morphology and geological structure. Pure and Applied Geophys., 124, 567-585.

丸山　正ほか，2009，2008年岩手・宮城内陸地震に伴う地震断層沿いの詳細地形―地震断層・変動地形調査における航空レーザ計測の有効性，活断層研究，30，1-12.

丸山　正ほか，2010，より詳しい地震活動履歴解明のための地質学および史料地震学的研究，糸魚川―静岡構造線断層帯における重点的な調査観測平成17～21年度成果報告書，230-254.

増田　聡・村山良之，2006，活断層に関する防災型土地利用規制／土地利用計画―ニュージーランドの「指針」とその意義を日本の実状から考える―，自然災害科学，25-2，146-151.

松田時彦，1975，活断層から発生する地震の規模と周期について，地震，第2輯，28，269-284.

松田時彦，1990，最大地震規模による日本列島の地震分帯図，地震研究所彙報，65，289-319.

松田時彦，1992，活断層の活動予測，地学雑誌，101，442-452.

松田時彦，2008，活断層研究の歴史と課題，活断層研究，28，15-22.

松浦律子，2011，天正地震の震源域特定：史料情報の詳細検討による最新成果，活断層研究，35，29-39.

中田ほか，1976，仙台平野西縁・長町―利府線にそう新期地殻変動，東北地理，28，2，111-120.

〈ま行〉

〈た行〉

索引

N.D.C.453　262p　18cm

ブルーバックス　B-1995

活断層地震《かつだんそうじしん》はどこまで予測《よそく》できるか

日本列島で今起きていること

2016年12月20日　第1刷発行

著者　遠田晋次《とおだしんじ》
発行者　鈴木　哲
発行所　株式会社講談社
〒112-8001 東京都文京区音羽2-12-21
電話　出版　03-5395-3524
販売　03-5395-4415
業務　03-5395-3615
印刷所　（本文印刷）豊国印刷株式会社
（カバー表紙印刷）信毎書籍印刷株式会社
本文データ制作　講談社デジタル製作
製本所　株式会社国宝社

定価はカバーに表示してあります。

ISBN978-4-06-257995-7

発刊のことば

科学をあなたのポケットに

二十世紀最大の特色は、それが科学時代であるということです。科学は日に日に進歩を続け、止まるところを知りません。ひと昔前の夢物語もどんどん現実化しており、今やわれわれの生活のすべてが、科学によってゆり動かされているといっても過言ではないでしょう。

そのような背景を考えれば、学者や学生はもちろん、産業人も、セールスマンも、ジャーナリストも、家庭の主婦も、みんなが科学を知らなければ、時代の流れに逆らうことになるでしょう。

ブルーバックス発刊の意義と必然性はそこにあります。このシリーズは、読む人に科学的に物を考える習慣と、科学的に物を見る目を養っていただくことを最大の目標にしています。そのためには、単に原理や法則の解説に終始するのではなくて、政治や経済など、社会科学や人文科学にも関連させて、広い視野から問題を追究していきます。科学はむずかしいという先入観を改める表現と構成、それも類書にないブルーバックスの特色であると信じます。

一九六三年九月

野間省一